indayi

edition

Wetten, dass du nicht weißt

- ob die Zunge einer Giraffe so lang ist, dass sie sich damit ihre Ohren putzen kann?
- ob Schlangen Ohren haben?
- ob alle Landtiere springen können?

Teste dein Wissen im großen Kuriositäten-Quiz und lies dann über die giftigen, lustigen, gefährlichen und faszinierenden Fähigkeiten der Tiere und lass dich beeindrucken, was ein kleines Kind (der Autor selbst) mit gefährlichen Tieren mitten im Dschungel von Afrika erlebt hat!

- Welche Tiere adoptieren fremdartige Tiere?
- Welcher Vogel kann ohne Pause über ein halbes Jahr fliegen?
- Welche Tierweibchen können ohne Männchen schwanger werden?
- Welche Tiere trinken kein Wasser?

Antworten auf diese Fragen und noch viele, viele andere findest du zusammen mit spannenden und erstaunlichen Geschichten in diesem Buch.

Der Autor Dantse Dantse kommt ursprünglich aus Kamerun. Als Kind unternahm er ausgedehnte Streifzüge durch den Urwald und traf dabei auf viele wilde Tiere, manchmal ganz schön gefährliche! Als Kleinkind war er sogar mit einer gefährlichen Schlange befreundet! Durch diese Erlebnisse und die vielen Tiere in seiner Familie entwickelte er seine Liebe zu den Tieren und seine Faszination für ihre tollen Eigenschaften und Fähigkeiten.

Sehr früh war ihm klar, dass Tiere viel mehr können, als die Menschen normalerweise denken und vielleicht sogar intelligenter sind als wir.

Dantse, Vater von fünf Kindern, lebt heute seit vielen Jahren als Schriftsteller in Darmstadt und schreibt Bücher für Kinder und Erwachsene für seinen eigenen Verlag.

Du kannst ihm unter leser@dantse-dantse.com eine Email schreiben, wenn du Fragen oder Anregungen hast.

# TIERE EXTREM

mit über 180 tollen Tierfotos in Schwarz-Weiß*

## Band 2

Spannende Geschichten über die erstaunlichen Fähigkeiten der Tiere

Mit abenteuerlichen Geschichten des Autors

**Dantse Dantse**

als Kind im Dschungel Kameruns

**Besuche uns im Internet**

**www.indayi.de**

indayi edition



Bibliografische Information der Deutschen Nationalbibliothek:

Die Deutsche Nationalbibliothek verzeichnet diese Publikation in der Deutschen Nationalbibliografie; detaillierte bibliografische Daten sind im Internet über http://dnb.d-nb.de abrufbar.

Bildnachweise Cover: Hai © Andrea Danti, fotolia, Schlange © mgkuijpers, fotolia

März 2018



Umschlaggestaltung, Satz und Lektorat: Birgit Pretzsch

Printed in Germany

ISBN 13: 978-3-947003-10-5

# Inhaltsverzeichnis


**1. Teste dich: Fragen und Antworten ............... 14**

**2. Wahr oder falsch? Kuriositäten aus der Tierwelt ............... 18**

**3. Meine Begegnungen als Kind mit gefährlichen Tieren im Urwald Kameruns: Warum Tiere mich faszinieren ............... 23**

**4. Vampirtiere: Tiere, die Blut trinken ............... 33**

**5. Menschenfresser ............... 36**

**6. Tiere und Gefühle ............... 52**

**7. Tiere, die mit Tränen weinen können ............... 55**

**8. Intelligente Tiere ............... 56**

8.1. Die schlausten Tiere ............... 65

8.2. Die Geschichte von unserem Hund, der Streit schlichtete ............... 80

8.3. Die Mathematiker und Physiker unter den Tieren ............... 83

8.4. Die Handwerker unter den Tieren ............... 92

8.5. Architekturwunder der Tiere - Tiere sind super Architekten: 10 Beispiele ............... 94

8.6. Tiere, die besten Meteorologen und Zeit-Ansager ............... 106

8.7. Tiere sind die besten Naturmediziner ............... 114
8.8. Tiere sind Top-Psychologen ............................. 122
8.9. Affen erkennen und unterscheiden Mädchen- und Jungen-Spielzeug, genau wie Menschen ........ 123

**9. Kuriose Fortpflanzung der Tiere ................... 125**
9.1. Parthenogenese: Tiere, die sich selbst befruchten können ......................................... 131
9.2. Homosexualität bei Tieren ................................ 136

**10. Die längste Schwangerschaft ...................... 139**

**11. Erstaunliche sportliche Leistungen ............ 140**
11.1. Welches sind die schnellsten Tiere? ............... 149
11.1.1. Die schnellsten Säugetiere ......................... 150
11.1.2. Die schnellsten Vögel ................................. 153
11.1.3. Die schnellsten Reptilien ............................ 157
11.1.4. Die schnellsten Insekten .............................. 159
11.1.5. Die schnellsten Fische ................................ 160
11.1.6. Liste der schnellsten Landtiere .................... 161
11.2. Marathon-Experten unter den Tieren ............... 163
11.3. Die besten Springer ......................................... 166
11.3.1. Die besten Hochspringer ............................. 166
11.3.2. Tiere, die am weitesten springen ................. 171
11.4. Gewichtheben: Die stärksten Tiere der Welt . 174
11.4.1. Wer ist das stärkste Tier der Welt gemessen an der Körpergröße: Der Elefant oder ein Käfer? ......................... 177

11.5. Die besten Tiere im Wasser ........................ 180
11.5.1. Tieftauchen: Die besten Taucher .............. 180
11.5.2. Tiere, die am schnellsten schwimmen......... 184
11.5.3. Welche Tiere halten am längsten unter Wasser die Luft an?........................................ 186
11.6. Wie atmen Tiere unter Wasser?...................... 188
11.6.1. Fische........................................................ 190
11.6.2. Meeressäugetiere........................................ 191
11.6.3. Amphibien .................................................. 192
11.6.4. Insekten...................................................... 193
11.6.5. Reptilien .................................................... 194

**12. Sonstige Rekorde in der Tierwelt................ 196**

**13. Lösung des Quiz: Wahr oder falsch?.......... 203**

# Danksagung und Quellen

Für dieses Buch habe ich viel recherchiert, viele unterschiedliche Daten studiert und verglichen. Dennoch brauchte ich Hilfe von anderen, die viel über Rekorde der Tiere geschrieben haben. Sie erlaubten mir, ihre Daten und auch Texte zu benutzen. In diesem Sinne danke ich besonders

www.mark-ariu.de/rekorde-in-der-tierwelt/

http://www.reiseblogonline.de/top-10/

http://www.wildvogelhilfe.org/sonderbeitraege/grundwissen/rekorde.html

# Anmerkung

Die Tiere mit ihren erstaunlichen Fähigkeiten haben die Menschen schon immer fasziniert und ganz besonders die Kinder.

Wenn es um Geschichten und Rekorde der Tiere geht, gibt es kein Halten mehr. Die Fantasie der Kinder und Erwachsenen kennt keine Grenzen, wenn sie zum Beispiel hören, dass es Vögel gibt, die schneller sind als Autos, oder dass ein Krokodil über 7m lang sein kann. Über Rekorde wird gern und engagiert geredet.

Aber stimmen diese Rekorde überhaupt? Das ist die große Frage, die man sich stellt, denn manchmal sind die Daten von einer Quelle zur anderen total unterschiedlich. Viele Parameter spielen dabei eine Rolle. Zum Beispiel kann allein eine falsche Umrechnung von Fuß auf Meter das Endergebnis beeinflussen, oder das Wiegen eines Tieres, das gerade etwas gefressen hat.

Aber im Großen und Ganzen gehen die Ergebnisse meist in die gleiche Richtung.

Ich habe zahlreiche Bücher und wissenschaftliche Texte studiert, geprüft, verglichen und durch meine Kenntnisse – da ich in Afrika sehr vielen Tieren begegnet bin – ergänzt und habe dir etwas zusammengestellt, das die Realität sehr gut abbildet.

Fakten basieren immer auf jetzigen Erkenntnissen über Tiere, die man kennt und gesehen hat. Das bedeutet nicht, dass die letzte Erkenntnis die letzte Wahrheit ist. Viele Tierarten kennen wir gar nicht, denn die Menschen haben sie noch nicht entdeckt. An vielen Orten dieser Welt war noch kein Mensch und somit wissen wir nicht, was für Tiere dort zu finden sind.

Angaben, die heute richtig sind, können schon morgen veraltet sein. Das gehört dazu und deswegen solltest du nicht irritiert sein, wenn du in einem Jahr etwas anderes liest als heute, denn die Forschung geht weiter und sammelt immer weitere Erkenntnisse und entdeckt neue Tiere und neue Fähigkeiten.

# 1. Teste dich: Fragen und Antworten

Bevor du dich wirklich ganz auf dieses Buch einlässt, teste deine Kenntnisse und später schaust du dann, ob du richtig geantwortet hast. Das macht Spaß!

**Welches ist das größte Tier der Welt?**

Antwort:

---

**Welches ist das schwerste Tier der Welt?**

Antwort:

---

**Welches ist das schnellste Tier der Welt?**

Antwort:

---

**Welches ist das langsamste Tier der Welt?**

Antwort:

---

**Welches ist das stärkste Tier der Welt?**

Antwort:

---

**Welches Tier springt am höchstens?**

Antwort:

---

**Welches Tier springt am weitesten?**

Antwort:

---

**Welches Tier schreit am lautesten?**

Antwort:

---

**Welches Tier taucht am tiefsten?**

Antwort:

---

**Welches Tier ist am giftigsten?**

Antwort:

---

**Welches ist das älteste lebende Tier auf der ganzen Welt?**

Antwort:

---

**Nenne zwei Tiere, die Blut trinken (Vampirtiere):**

Antwort:

---

**Gibt es Tiere, die Menschen fressen?**

Antwort:

---

**Faultiere können sehr lange schlafen. Bis zu wie vielen Stunden kann ein Faultier am Tag schlafen?**

Antwort:

---

**Warum bleiben Spinnen nicht selbst an ihren Netzen kleben, wie die anderen Tiere?**

Antwort:

---

**Welches Tier baut das größte Bauwerk?**

Antwort:

---

**Warum sind Faultier so langsam und bewegen sich kaum?**

Antwort:

---

**Was haben alle Papageien gemeinsam?**

Antwort:

---

# 2. Wahr oder falsch? Kuriositäten aus der Tierwelt

In der Welt der Tiere gibt es viele erstaunliche und spannende Geschichten und Erkenntnisse. Es geht hier um falsch oder wahr. Kreuze die richtige Antwort an. Glaub mir, du wirst bei manchen Fragen schwitzen müssen und Überraschungen erleben.

Am Ende des Buches findest du die Lösungen.

**Bei den Seepferdchen bekommen die Männchen die Kinder.**

○ wahr ○ falsch

**Delfine machen nie beide Augen zu, wenn sie schlafen.**

○ wahr ○ falsch

**Kein Tier kann rückwärts fliegen.**

◌ wahr ◌ falsch

**Schildkröten können monatelang im Wasser bleiben ohne Luft einzuatmen.**

◌ wahr ◌ falsch

**Die Zunge einer Giraffe ist so lang, dass sie sich damit ihre Ohren putzen kann.**

◌ wahr ◌ falsch

**Säugetiere legen keine Eier, denn sie gebären.**

◌ wahr ◌ falsch

**Manche Vögel können monatelang von Europa nach Afrika und zurück fliegen, ohne sich auf den Boden oder auf einem Baum zu setzen. Sie schlafen und essen beim Fliegen.**

◌ wahr ◌ falsch

**Es gibt keine Vögel, die nicht fliegen können.**

◌ wahr ◌ falsch

**Alle Landtiere können springen.**

◌ wahr ◌ falsch

**Schlangen haben keine Ohren und können nicht hören.**

○ wahr ○ falsch

**Normalerweise kann man in Wasser nur schwimmen oder tauchen. Es gibt aber Tiere, die auf dem Wasser laufen können**

○ wahr ○ falsch

**Spinnen können nicht in ihrem eigenen Netz hängenbleiben.**

○ wahr ○ falsch

**Spinnen haben keine Ohren. Sie hören nicht und können nur fühlen.**

○ wahr ○ falsch

**Ein Elefant vergisst nie.**

○ wahr ○ falsch

**Eisbären müssen sich manchmal im Eiswasser abkühlen.**

○ wahr ○ falsch

**Fledermäuse sind blind.**

○ wahr ○ falsch

**Manche Schildkröten können ihren Panzer öffnen und schließen.**

wahr falsch

**Alle spinnen müssen Netze spinnen, um Beute zu fangen.**

wahr falsch

**Flamingos werden rosa, weil sie Krebse essen.**

wahr falsch

**Alle Tiere haben nur ein Herz, genau wie Menschen.**

wahr falsch

**Es gibt Raubtiere, wie Geparden, die kein Wasser trinken.**

wahr falsch

**Haie ersticken, wenn sie nicht schwimmen, deswegen müssen sie ständig schwimmen, um zu leben.**

wahr falsch

**Kakerlaken können ohne Kopf noch Tage weiterleben.**

wahr falsch

# 3. Meine Begegnungen als Kind mit gefährlichen Tieren im Urwald Kameruns: Warum Tiere mich faszinieren

Wenn wir keine Schule hatten, gingen wir immer im Urwald spazieren, ohne unsere Eltern und ohne unsere großen Geschwister. Wir waren 5 Kinder, zwischen 3 und 9 Jahren alt.

Es war immer so schön im Urwald, weil wir allein waren und alles tun konnten, was wir wollten.

Aber der Urwald war auch sehr gefährlich. Es gab viele gefährliche Tiere darin. Einmal haben wir eine Gorillafamilie getroffen. Sie saßen alle auf dem Boden und aßen Gras oder lagen nur so da.

Gorillafamilie © mrflip

Einer der Gorillas saß aber allein, weit weg von den anderen, und er war sehr riesig. Als die Gorillas uns sahen, fingen sie an, ein bisschen Lärm zu machen. So wurde der große Gorilla alarmiert. Er war wirklich sehr groß und sehr breit. Er beobachtete uns zunächst ganz ruhig, ohne sich zu bewegen. Wir versuchten dann einfach weiterzugehen, nicht weit entfernt von ihnen. Dann ging der große Gorilla von der Gruppe weg und kam in unsere Richtung. Wir bekamen Angst, waren aber auch neugierig. Wie am Boden festgenagelt standen wir da und es wurde immer bedrohlicher. Wir waren so klein, die älteste unter uns war meine Schwester. Sie war nicht einmal 8 oder 9. Dieser riesige Gorilla war der Chef des Rudels. Er fing an, kleine Bäume und Äste zu schütteln. Wir standen immer noch da, wie hypnotisiert. Dann rannte er springend hin und her. Wir konnten vor Angst zuerst nicht fliehen. Das ärgerte ihn noch mehr und er näherte sich uns.

**Wütender Gorilla © Frank Wouters**

Auf einmal schlug er mit beiden Händen auf seine Brust und die anderen Gorillas standen auf und hüpften auf dem Boden. Der Boden zitterte und wir konnten das ganz gut spüren. Er zeigte uns seine Zähne und brüllte so laut. Er war nun richtig böse und wollte gleich angreifen.

Da sagte meine Schwester, dass wir schnell wegrennen sollten. Wir rannten so schnell wir konnten, aber mein Bruder fiel auf den Boden, er hatte sich in einer Liane verheddert. Obwohl es gefährlich war und wir immer noch die Gorillas hin und her trampeln und brüllen hörten, mussten wir alle wieder zurück, um ihm zu helfen.

Das war die Bedingung, damit wir allein in den Wald gehen durften. Unsere Mütter sagten immer: „Ja, ihr könnt gehen. Aber ihr geht zusammen und ihr kommt zusammen zurück. Ist einer von euch in Gefahr, dann müssen die anderen ihm helfen. Einer für alle und alle für einen. Habt ihr verstanden?“

Wir schauten nicht mehr nach dem Gorilla. Wir halfen unserem Bruder und rannten einfach, wie Verrückte, nach Hause und erzählten unserem Vater die Geschichte.

„Oh, das war knapp mit den Gorillas“, sagte er. Er meinte, wir hätten Glück gehabt und warnte uns: „Die Gorillas waren sicher schon sehr gereizt und haben nur deswegen nicht angegriffen, weil ihr Kinder seid. Das nächste Mal, wenn ein Tier bei eurem Anblick lärmt und auf sich aufmerksam macht, dann will es euch warnen. Es will euch sagen: He, pass auf. Hier bin ich, geh weg. Dann ist es doch besser, wegzugehen. Wenn ihr nicht weggeht und dableibt, nimmt das Tier das als Provokation und greift an, um sich, seine Familie und sein Revier zu verteidigen."

Eines Tages fuhren wir mit unserem Vater auf einer Straße, die durch den Urwald ging. Irgendwann sahen wir einige Autos vor uns stehen und fuhren nicht weiter. Wir stiegen aus, um zu sehen, was da los war und bald verstanden wir, warum. Auf der Straße war eine Herde von Gorillas mit mehreren Tieren. In meinen Kinderaugen damals waren es sehr viele. Sie lagen einfach da und spielten. Zwei von ihnen standen uns gegenüber, vielleicht in 50 oder 100 Meter Entfernung? Ich weiß es nicht mehr genau und sie hielten sowas wie Wache. Sie waren riesig, aber sehr ruhig. Sie standen da, um die Menschen zu warnen. Wir blieben mehrere Stunden dort. Bis sie irgendwann von allein ganz langsam und süffisant die Straße räumten und sich am Straßenrand niederließen. Erst danach verließen die zwei – sehr wahrscheinlich männlichen – Gorillas, die uns gegenüberstanden, den Platz und wir konnten weiterfahren. Mein Vater erklärte den genervten Menschen, die sich beklagten, zu lange gewartet zu haben, dass die Gorillas zugeschlagen hätten, wenn wir sie gewaltsam aufgefordert hätten, die Straße frei zu machen. Sie wollten den Menschen ihre Überlegenheit zeigen und zu Recht hatten sie uns blockiert, denn diese Straße läuft durch ihr Gebiet. Wir sind zu ihnen gekommen und nicht sie zu uns. Das war ein Beispiel dafür, dass wir Menschen ohne unsere Waffen und mit bloßen Händen, keine Chance gegen die Tiere haben.

Im Wald trafen wir immer auf wilde Tiere und Vögel und unbekannte Tiere, die wir früher noch nie gesehen hatten und die in keinem Buch standen, wie zum Beispiel das komische Tier auf drei Beinen, oder diese Schlange mit zwei Köpfen. Diese vielfarbige Schlange war erstaunlich. Sie hatte zwei Köpfe an ihren Enden. Der eine Kopf war da, wo er hingehörte und der zweite Kopf war an ihrem Schwanzende. Wenn wir auf den einen Kopf schlugen, kroch sie in die andere Richtung mit dem zweiten Kopf.

Schlangen waren überall. Wenn wir nachmittags von der Schule nach Hause kamen, sahen wir zig Schlangen, die auf der Veranda lagen und sich sonnten oder in unserem riesigen Garten lagen.

Als ich einmal schlief, beobachtete meine Kusine, wie eine Schlange neben mir, mit ihrem Kopf direkt an meiner Nase, lag. Wegen ihres Schreis erschrak die Schlange und wollte schnell weg, blieb aber unter der Tür stecken.

Als man mich dann weckte und unter die Matratze schaute, lagen dort zig Schlangen mit ihren Babys. Anscheinend fühlten sie sich wohl darunter, vielleicht weil die Matratze aus Stroh war? Mein Vater sagte uns damals, dass solche Matratzen viel besser und gesünder seien, als die modernen Schaumstoff-Matratzen. Mein Vater meinte später noch, dass Schlangen gerne das einatmen, was die Menschen ausatmen. Warum sie das tun, sagte er aber nicht. Ich habe ihn auch nicht gefragt.

Obwohl es so viele Schlangen gab und wir sie überall trafen, sind wir nicht mal einmal gebissen worden. Sogar einmal, als ein Cousin von mir über einer riesigen Viper stand, ohne es zu wissen! Aber die Viper blieb ruhig. Die afrikanischen Vipern können sehr gefährlich sein und sie sind giftig. Als einer von uns meinem Cousin dann sagte, einer seiner Füße würde auf einer Viper stehen, sprang er zurück und wieder nach vorne, wie ein Weltmeister, und schrie vor Angst. Wir sahen dann die Viper ganz ruhig weiter kriechen.

Mein Vater sagte uns, dass er zwar Glück hatte, aber dass gefährliche Tiere auch oft nicht einfach so zubeißen. Sie verschwenden ungern ihre Gifte. Er meinte, dass das Tier gespürt hat, dass mein Cousin, obwohl er über ihm stand, ihm nichts Böses tun wollte. Sehr wahrscheinlich hat sie deswegen nicht angegriffen.

Eines Tages im Wald waren wir Zeugen der Geburt einer Viper. Das Tier lag auf einem Ast und ihre Babys fielen auf den Boden. Diese Vipern gebären und legen keine Eier, wie andere Schlangen. Es wurde uns damals erzählt, es war vor 40 Jahren, dass sie so gebären, um sich selbst zu schützen. Denn Baby-Vipern seien noch gefährlicher als erwachsene Tiere. Sie würden sich nach der Geburt gegenseitig beißen und nur ein paar von ihnen überlebten dann. So regelt Gott die Natur. Sonst würde es zu viele Vipern geben. Eine echte Gefahr für Menschen und andere Tiere.

Dass Schlangen Menschen jagen können, wie Hunde es tun, erfuhr ich, als mein Cousin über mehrere hundert Meter von einer Grünen Mamba verfolgt wurde. Er hatte auf einem Stück Ackerland gearbeitet, als er die Schlange sah. Er bewarf sie mit Steinen und Stöcken. Anscheinend wurde die Schlange getroffen und nun griff sie an. Mein Cousin rannte weg und wurde von der Schlange verfolgt, bis sie von einem Auto überfahren wurde, als sie wie mein Cousin auch die

Straße überqueren wollte, um ihn weiter zu jagen. Wir wussten schon immer, seit wir Kinder waren, dass die Grüne Mamba eine sehr nervöse, schnell reizbare und nachtragende Schlange war, die auch sehr schnell zubeißen kann.

Ich könnte noch viele Geschichten erzählen, zum Beispiel wie die Grüne Mamba meinen Bruder in Angst und Panik versetzte. Ja, wir standen unter einem Mangobaum. Mangobäume haben immer grüne Blätter und deswegen ist es kaum möglich, eine grüne Schlange darin zu entdecken. Wir spielten, als mein Bruder plötzlich einen markerschütternden Schrei losließ. Er hüpfte, sprang in die Luft und hörte nicht auf zu schreien. Ich fragte ihn, was los sei, aber er konnte kaum reden und fing an, sich hektisch und hastig sein Hemd auszuziehen, dann ließ er sein Hemd fallen und hielt seine Hose. Da sahen wir eine lange grüne Schlange, die ihm unten aus dem Hosenbein herausrutschte. Mein Bruder riss die Hose auf und wir alle rannten um unser Leben. Die Schlange war, glaube ich, genauso verschreckt wie wir und verschwand schnell im Gebüsch. Noch Minuten später zitterte mein Bruder. Das Gift der Grünen Mamba ist für den Menschen tödlich. Später meinte er, er hätte plötzlich gespürt, wie etwas Warmes in sein Hemd gefallen sei. Als er danach tastete merkte er, dass es nur eine Schlange sein konnte.

Schlangen können sehr gefährlich sein. Mein Papa wurde als Kind schon mal gebissen und wäre fast gestorben. Er hatte Glück, dass der afrikanische Arzt nicht zu weit weg war. Man brachte ihn zu ihm. Er musste gar nicht ins Krankenhaus gehen. Der traditionelle Arzt machte einen Schnitt und sog das Gift einfach mit dem Mund raus. Dann sagte er zu meinem Papa: Das nächste Mal, wenn du gebissen wirst, mache Pipi und trinke es, das verlangsamt die Wirkung des Gifts im Körper.

# 4. Vampirtiere: Tiere, die Blut trinken

**Die Fledermaus:** Drei der weltweit über 700 Fledermausarten saugen Blut. Zwei Arten davon haben sich auf Vögel als Beute spezialisiert, die dritte trinkt das Blut von Säugetieren.

Vampirfledermaus beim Trinken © Sandstein

**Der Candirú** ist einer der gefürchtetsten Fische der Welt und kann von 2,7 bis zu 15 Zentimeter groß werden. Der im Amazonas lebende Süßwasserfisch zählt zu den Parasiten. Er ernährt sich vom Blut seiner Opfer – der blutsaugende Parasit schwimmt in die Kiemen größerer Fische und trinkt ihr Blut. Für den Menschen ist er als Penisfisch bekannt. Durch Urin angelockt, dringt der Fisch über die Körperöffnungen von nackt Badenden bis tief in die Harnröhre. Das kann zu gefährlichen Entzündungen bis hin zur Penisamputation führen.

**Die Anopheles-Mücke** mehr darüber in Kapitel 20.8.

**Die Tsetsefliege** mehr darüber in Kapitel 20.8.

**Der Vampirfalter** aus der Gattung der Schmetterlings-/Nachtfalter. Er ernährt sich ausschließlich vom Blut anderer Tiere (oder auch Menschen), welches er mit seinem Saugrüssel vorzugsweise aus offenen Wunden zu sich nimmt. Die Raupen des Vampirfalters ernähren sich von frischen Blättern und Blüten.

**Weitere Bluttrinker** sind: Fliegen, Moskitos, Flöhe, Läuse, Zecken, Bettwanzen, Blutegel. Sie alle trinken Blut von Tieren und Menschen.

**Raubwanzen** mehr darüber in Kapitel 20.8.

**Fische wie die Neunaugen** trinken Blut von Fischen.

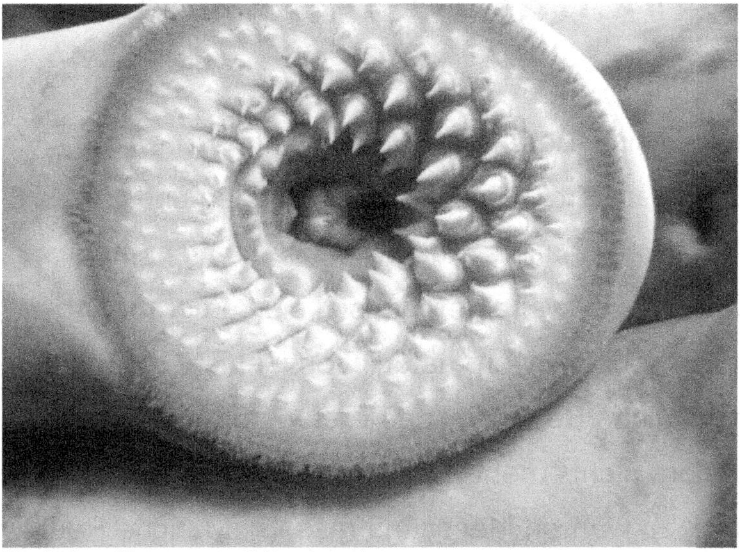

Maul eines Neunauges © Drow_male

Zwei Neunaugen, an einer Forelle hängend

© www.nwrc.usgs.gov/world/images/lamprey.jpg

# 5. Menschenfresser

Normalerweise sind Tiere keine Menschenfresser. Aber wenn Raubkatzen, Krokodile, große Schlangen und Haie alt oder krank werden und ihre eigentliche Beute nicht mehr fangen können, oder wenn der Mensch sie immer mehr bedrängt und bedrohlich in ihre natürlichen Gebiete eindringt, oder die eigentliche Beute dieser Tiere ausrottet, so dass diese Raubtiere nichts mehr zu fressen haben, dann entwickeln sie sich zu wahren Menschenfressern. Manche Raubtiere spezialisieren sich sogar auf Menschenfleisch:

Einige Beispiele:

**Jim Corbett mit dem erlegten Tiger, 1930 © www.giriathrey.com/biographica/corbettalbum.html**

Den Weltrekord im Töten von Menschen hält ein **Bengalischer Tiger**. Um 1900 im westlichen Nepal tötete er über 436 Menschen, bevor er schließlich vom Großwildjäger Jim Corbett zur Strecke gebracht wurde.

**Der „Leopard von Rudraprayag“** tötete 125 Dorfbewohner in Indien, bevor er nach einer mehrwöchigen Hetzjagd schließlich ebenfalls von Jim Corbett erlegt wurde. Eine ganze Region war wie gelähmt und lebte in Angst. Niemand wagte sich mehr nachts aus seinem Haus.

**Jim Corbett mit dem erlegten Leoparden, 1925, von www.giriathrey.com/biographica/corbett.html**

**Die „Löwen von Tsavo“** töteten 1898 angeblich 135 Brückenarbeiter im heutigen Kenia. Die beiden Tiere wurden aus Mangel an sonstiger Beute zu Menschenfressern. Die Tiere zogen die Männer nachts aus ihren Zelten und schleppten ihre Opfer davon. Trotz Barrikaden aus Dornensperren (Bomas) um das Lager, nächtlichen Feuern und strengen Sperrstunden steigerten sich die Angriffe drastisch bis zu dem Punkt, an dem der Brückenbau schließlich wegen der Angst der Arbeiter zum Erliegen kam.

Innerhalb von 18 Monaten tötete ein **Löwe** am Rufiji-Fluss in Südtansania 35 Brückenarbeiter. Seine Zähne waren so beschädigt, dass er andere Tiere mit festerem Fell nicht zerlegen konnte. Der Mensch war dann für ihn eine passende und einfache Beute.

**Löwen (Bild zur Illustration) © William Warby**

In Tansania werden jedes Jahr zig Menschen von **Löwen** gefressen. Der bekannteste war der junge Löwe mit dem Namen „OSAMA" benannt nach Osama bin Laden, der bis 2004 mehr als 50 Menschen getötet haben soll. Die Bewunderung der Menschen für ihn brachte ihm den Namen Osama ein, weil er immer dort zuschlug, wo man es nicht erwartetet hatte.

Die berüchtigte **Champawat-Tigerin** tötete aufgrund von Zahnproblemen, die dazu führten, dass sie ihre natürliche Beute nicht reißen konnte, in Nepal und später in der nordindischen Provinz Kumaon innerhalb von nur acht Jahren 436 Menschen.

Auch **Hyänen** können Menschfleisch lecker finden. Das „Terror-Biest von Malawi“ tötete drei Menschen und fraß ihre Genitalien.

Hyänen

**Wölfe** sind ebenfalls dabei, wie der **„Wolf von Ansbach“**, der um 1685 durch den bayerischen Wald zog und mehrere Menschen getötet haben soll.

Wolf

**Krokodile** haben sich an Menschenfleisch gewöhnt. Das berühmte Krokodil aus Burundi hat mehr als 300 Menschen gefressen Alle Versuche, das Tier zu fassen, scheiterten.

Im November 2014 fraß ein **Krokodil** eine schwangere Frau in Uganda. Die 25-Jährige wollte mit anderen Frauen Feuerholz am Kyoga-See im Nordosten des Landes sammeln. Sie wurde von dem Tier angegriffen und ins Wasser gerissen. Die Frau sei daraufhin spurlos verschwunden.

In vielen Ländern der Welt kommt es seit Jahren immer häufiger zu **Krokodil-Attacken**, weil die Gewässer von Menschen überfischt werden. „Die Tiere wissen nicht mehr, was sie fressen sollen und greifen deshalb Menschen an", meinen Experten.

**Krokodil**

**3 Komodowarane fressen ein Wildschwein © Achmad Ariefiandy**

**Komodowarane** können auch Menschen fressen. Die Echse hat Giftdrüsen wie eine Schlange. Obwohl der Mensch nicht zu ihrer üblichen Beute gehört, gibt es Berichte darüber, dass diese Echsen mehrere Kleinkinder gefressen haben, und auch Teile von Körpern Erwachsener. Das bekannteste Opfer ist der Baron Rudolf von Reding, der während einer Exkursion auf Komodo, einer indonesischen Insel, im Juli 1974 verschwand. Später wurden seine Kamera und ein blutverschmierter Schuh gefunden.

**Eine große Anakonka verschlingt ein Wasserschwein, Ausstellungsstück im Senckenberg Museum in Frankfurt am Main © EvaK**

Auch gibt es Berichte über **Schlangen,** die es schaffen, einen Menschen am Stück herunterzuschlucken. Das sind die **Anakonda,** der **Netzpython,** der **Tigerpython und** der **Nördliche Felsenpython**. Wenn man weiß, dass es Anakondas gibt, die ganze Kühe oder große Krokodile verspeisen, kann man verstehen, dass der Mensch für diese riesigen Schlangen kein Problem darstellt.

Auf www.tierwelt.ch steht: „... so wurde 1979 im Norden Südafrikas ein dreizehnjähriger Hirtenjunge von einem viereinhalb Meter langen Felsenpython attackiert. Ein zweiter Hirtenjunge, der den Angriff der Riesenschlange beobachtet hatte, rannte sofort ins nächste Dorf, um Hilfe zu holen. Als er jedoch nach zwanzig Minuten mit zwei Männern zum Ort des Geschehens zurückkehrte, war es bereits zu spät. Der attackierte Junge war bereits vollständig vom Python verspeist worden. Die Männer schlugen daraufhin so lange mit Stöcken auf die nahezu grotesk aufgeblähte Schlange ein, bis diese die bereits stark eingespeichelte Leiche des Jungen wieder hervorwürgte."

Ein weiterer Bericht über eine menschliche Schlangenmahlzeit stammt von der philippinischen Insel Mindoro. Dort hatten Dorfbewohner 1998 im Dschungel einen etwa sieben Meter langen Netzpython mit ungewöhnlich prall gefülltem Leib entdeckt. Nachdem die Filipinos das Tier getötet und den Körper aufgeschnitten hatten, machten sie eine grausige Entdeckung: Im Verdauungstrakt des Reptils befand sich ein erwachsener Mann, der von seinen Verwandten am Tag zuvor als vermisst gemeldet worden war. Die Haut des Opfers war bereits stark von der Magensäure verätzt. Am linken Fuß fanden sich Biss-Spuren.

Sind **Haie** auch Menschenfresser? Darüber gibt es schon immer unterschiedliche Meinungen. Hai-Attacken auf Menschen sind bekannt und niemand kann das bestreiten. Auch über Haie, die Menschen fressen, wird oft berichtet, wie in diesem Fall von 1942, als ein englisches Dampfschiff vor der Küste Südafrikas von einem deutschen U-Boot torpediert wurde und sank. Fast 900 Überlebende trieben im Wasser, Haie wurden durch das Blut der Verletzten angelockt. Als ein rettendes Boot am nächsten Tag zu Hilfe kam, lebten nur noch 192 Schiffbrüchige. Man vermutete, dass viele von Haien gefressen worden waren.

**Hai**

Im Jahr 2002 berichtete der *Spiegel* über den Fund von menschlichen Resten in Bauch eines Hais. Der Hai, den die Fischer an Land gezogen hatten, war drei Meter lang und

369 Kilogramm schwer. In seinem Magen entdeckten die Männer einen Schädel, einen Armknochen sowie ein Becken. Man hat auch im Bauch von anderen Fischen Menschenreste gefunden.

Piranha © Karelj

**Die berühmten Piranhas**: Über die Piranhas wird immer viel berichtet. Angeblich sind sie auch Menschenfresser. Alexander von Humboldt war der erste, der diese Tiere als sehr gefährlich beschrieb. Er schrieb:

> „Bei San Fernando auf dem Rio Apure. Am Morgen fingen unsere Indianer mit der Angel den Fisch, der hierzulande Caribe oder Caribito heißt. Er fällt die Menschen beim Baden und Schwimmen an und beißt ihnen oft ansehnliche Stücke Fleisch ab. Ist man anfangs auch nur unbedeutend verletzt, so kommt man doch nur schwer

aus dem Wasser, ohne schwere Wunden davonzutragen. Gießt man ein paar Tropfen Blut ins Wasser, so kommen sie zu Tausenden herauf."

Der ehemalige US-amerikanische Präsident Theodore Roosevelt sagte über die **Piranhas** in seinem 1914 veröffentlichten Bericht über seine Entdeckungsreise durch den Regenwald Brasiliens: „Sie zerreißen und verschlingen bei lebendigem Leibe jeden verletzten Menschen und jedes verwundete Tier; denn Blut im Wasser bringt sie zur Raserei."

Der Wissenschaftler Philip Street schreibt 1971 in seinem Werk *Die Waffen der Tiere*:

„Der Menschenhai und der Barracuda sind furchterregende Geschöpfe, aber an rasender Wildheit und Gefährlichkeit für den Menschen kommt nichts, was im

Meer schwimmt, einem kleinen, in den Flüssen Südamerikas lebendem Fisch gleich. Das ist der Piranha. Er steht mit Recht im Ruf eines Menschenfressers, obgleich seine Länge selten 17,5 cm übersteigt und 25 cm bilden einen Rekord. Der Tod durch den Hai oder den Barracuda ist meist rasch und, verglichen mit dem durch einen Piranha, geradezu gnädig zu nennen. Jeder Mensch und jedes Tier, den das Unglück widerfährt, an einer von diesem blutdürstigen Fisch heimgesuchten Stelle in den Fluss zu fallen, wird buchstäblich bei lebendigem Leibe aufgefressen, Hunderte erscheinen aus dem Nichts, und das Fleisch des Opfers wird in Zehntausenden kleiner Bisse abgefressen, bis nichts übrigbleibt als das nackte Skelett. Das grausige Werk ist kurz. Bei einer neueren Untersuchung wurde der Kadaver eines Schweines von 400 Pfund in einen Fluss herabgelassen, von dem man wußte, daß er von Piranhas wimmelte. Nach 10 Minuten waren nur noch die Knochen übrig. So klein er ist, besitzt der Piranha ein unglaublich scharfes Gebiß, mit dem er einen Finger samt Knochen auf einmal glatt durchbeißen kann. Gewöhnlich ist der Piranha ein geruhsamer Fisch, doch das

Erscheinen des Opfers scheint ihn in eine Art von Raserei zu versetzen, und es ist nicht der Hunger allein, der ihn treibt. Lange nachdem sie sich sattgefressen haben, fahren sie mit ihren wütenden Angriffen fort, bis auch nicht das geringste bißchen Fleisch mehr übrig ist; die Abfälle häufen sich am Boden des Flusses, bis die Strömung sie wegschwemmt. Kein Lebewesen entgeht ihrer Aufmerksamkeit, auch keines der eigenen Gattung, und es ist unmöglich, mehr als einen von ihnen in einem Aquarium zu halten."

# 6. Tiere und Gefühle

**Elefanten** sind Herdentiere und fühlen wie Menschen. Sie trauern, wenn einer von ihnen stirbt, und sie halten sogar Totenwache. Ein Forscherteam um den britischen Biologen Ian Redmond beobachtete in der afrikanischen Steppe Elefanten, die voller Trauer waren, nachdem einer von ihnen durch einen Schlangenbiss sterben musste. Der Forscher schrieb in seinem Tagebuch: „Tag für Tag kommen die Elefanten in der Mittagshitze zum Kadaver und halten Totenwache“. Er beobachtete, wie die Tiere jeden Abend mehrere Kilometer zurücklegten, um Futter zu finden und dann am nächsten Morgen wieder zu ihrem toten Artgenossen zurückkehrten.

**Elefanten**

Schimpansen

**Affen** zeigen auch solche Gefühle, wenn einer von ihnen stirbt. Sie zeigen Trauer und die Betroffenen werden gar getröstet, wie der Forscher Frans de Waal feststellte. Er beobachtete in Afrika **Schimpansen**, als sie verwundete Gefährten versorgten. „Sie entfernten Blut, vertrieben Fliegen und nahmen während der Reise Rücksicht auf die Verletzten", schrieb er.

Auch **Delfine**, **Hunde** und viele andere Tiere zeigen auf ihre Art Gefühle, die nicht unbedingt mit dem Menschenverstand zu sehen und zu begreifen sind. Sie können Angst, Wut, Freude, Liebe, Egoismus, Hinterlistigkeit, Höflichkeit, Würde, Mut und viele Gefühle mehr zeigen.

In meiner Kindheit hatte unsere Hündin eine Freundin. Dies war aber kein Hund wie sie, sondern eine Ziege. Sie waren fast unzertrennlich. Dann starb die Ziege altersbedingt. Die Hündin jammerte, schrie und weinte ohne Tränen, wochenlang. Sie verweigerte das Fressen und versuchte alle anzugreifen, die der Leiche der Ziege zu nahe kamen. Unsere Hündin blieb 48 Stunden an der Stelle sitzen, wo wir die Ziege begraben hatten.

# 7. Tiere, die mit Tränen weinen können

Es gibt Berichte über **Elefanten**, die aus Trauer, Schmerz oder bei einer Trennung Tränen vergossen haben. Die US-Biologin Cynthia Moss beobachtete, dass eine Elefantenkuh mit ihren Jungtieren vom Rest der Herde getrennt wurde. Als sie sich eine Woche später wiedertrafen, liefen sie mit Tränen in den Augen aufeinander zu.

**Krokodile** weinen oft beim Fressen. Ob dieser Vorgang mit Trauer, Freude oder Mitgefühl zu tun hat, ist sehr umstritten.

Auch andere Tiere wie **Affen** und **Hunde** wurden beim Weinen beobachtet.

Allgemein weinen Tiere auf ihre Art. Sie müssen nicht wie Menschen Tränen vergießen, aber ihre Art zu lamentieren zeigt manchmal, dass sie gerade weinen, wenn auch ohne Tränen.

# 8. Intelligente Tiere

Entgegen der früheren Annahmen der Wissenschaft, Tiere seien nicht intelligent und reagierten nur per Instinkt, gibt es immer häufiger Beweise, dass diese Theorie falsch ist und dass Tiere vielleicht sogar viel intelligenter sind als die Menschen. Nur weil wir sie nicht verstehen oder sie nicht wie wir reagieren, bedeutet das nicht, dass sie nicht denken, überlegen, rechnen und fühlen können. Es kann nicht immer nur Instinkt sein, denn man beobachtet oft, wie kleine Tiere von ihren Eltern lernen und gezeigt bekommen, wie etwas geht oder wie man etwas macht.

**Lemur Mutter und Jungtier**

In Afrika war ein Teil meiner rituellen Einweihung die Beobachtung der Natur und besonders der Tiere.

Wir hatten Hunde und viele weitere Tiere wie Hühner, Enten, Wildhasen, Schafe, Schweine und sehr viele Wildtiere, da wir nah am Urwald lebten. Eine meiner Aufgaben war es, den ganzen Tag nur ein Tier zu beobachten und alles zu notieren. Dadurch erkannte ich sehr schnell, bereits in den 1970ern, dass alles was wir in Schulbüchern über Tiere lernen – auch in den westlichen Ländern – total falsch ist.

Durch diese Einweihung in die Natur erkannte ich zum Beispiel schnell, dass Tiere die genausten Meteorologen sind. Sie wussten genau, wie das Wetter sich entwickeln würde. Sie wussten genau, wann es regnete und kurz davor gingen diejenigen, die kein Wasser abbekommen wollten, zurück in ihren Stall.

Es war erstaunlich, wie sie sich heilten, wenn sie krank waren, oder was sie aßen, kurz bevor sie sich paarten, oder kurz bevor sie sich zur Nachtruhe niederließen, um gut und entspannt zu schlafen.

Meine Erkenntnisse aus Afrika und neue wissenschaftliche Erkenntnisse bestätigen die ur-afrikanische These: Tiere sind intelligent und manche dabei noch intelligenter als die Menschen. Meine Beobachtungen bei den Tieren zeigten mir, dass zumindest bei Haustieren die Intelligenz mit viel Spielen und Freiheit zusammenhängt.

**Schafe**

Ich glaube, dass wir noch mehr von den Tieren lernen könnten, wenn wir unseren Überlegenheitskomplex ablegen würden. Wozu braucht ein Löwe ein Auto? Ein Adler einen Computer? Ein Elefant einen Jogurt? Wenn sie das gebraucht hätten, um zu leben, hätten sie etwas Ähnliches entwickelt. Sie brauchen es eben einfach nicht und müssen deswegen ihre Intelligenz nicht beweisen, indem sie wie Menschen handeln.

Termitenhügel

Dass wir Menschen aufgrund unserer Lebensumstände und Bedürfnisse Sachen erfinden müssen, um zu überleben, ist klar. Aber deswegen davon auszugehen, dass wir besser sind, und uns als intelligenter zu bezeichnen, zeigt doch vielleicht, wie wenig intelligent wir im Vergleich zu Tieren sind. Kann man einen Fisch mit einer Schlange vergleichen? Einen Vogel mit einem Affen? Nein, sie denken anders und überlegen anders, weil sie verschiedene Bedürfnisse haben.

Wir sind nicht intelligenter als diese kleinen Termiten. Man muss sich nur ihre Hügelarchitektur ansehen, in der die Innentemperatur ganzjährig konstant ist. Sogar unsere klügsten Architekten haben so etwas ohne Fremdeinwirkung, wie einer Heizung oder Klimaanlage, nie geschafft.

**Meeresschildkröte**

Oder schauen wir uns die Orientierung der Tiere an, wie bei **Vögeln** und **Schildkröten**, die tausende von Kilometern zurücklegen und exakt da ankommen, wo sie hinwollten. Wir Menschen schaffen das in unseren Autos, Flugzeugen und Schiffen nur dank Satellitensystem und Kompass. Da unsere Intelligenz noch nicht in der Lage ist, diese andere Intelligenz anderer Wesen zu erklären, und wir uns nicht geschlagen geben wollen, nennen wir das Verhalten und die Intelligenz der Tiere *Instinkt* und beweisen das mit ein paar Studien über bestimmte Tiere. Aber wir wissen doch, dass es auch bei den Menschen Intelligente und weniger Intelligente gibt.

Alles nur Instinkt? Nein, wir sehen heute, dass Tiere ihren Kindern etwas beibringen, zum Beispiel, wie man Beute erlegt, oder wie man eine Nuss mit Steinen aus ihrer Schale befreit. Das ist doch der Beweis, dass sie lernen müssen, wie auch wir Menschen gelernt haben. Das ist Intelligenz.

**Schimpanse**

Dass manche Tiere sofort nach der Geburt alles können, kennen wir auch bei Menschen, die wir hochintelligent nennen. Sie haben einen super IQ. Wenn bei Menschen solches Sofortwissen nicht als Instinkt angesehen wird – wenn z.B. ein 4-Jähriger Mathe der dreizehnten Klasse blind beherrscht oder ein 6-Jähriger die Noten von Mozart fehlerfrei spielt und sie als Genies angesehen werden – müssten wir dann nicht nach dieser Logik manche Handlungen von Tieren, die etwas wissen, ohne es wirklich mühsam gelernt zu haben, genau wie diese Kinder SUPERGENIAL nennen?

Vielleicht erkennen die Menschen irgendwann, dass die Tiere sogar intelligenter sind als sie. Ja, die Frage wird lauten: Wer ist dümmer? Die Menschen oder die Tiere? Wie gesagt, nur der Versuch, die Intelligenz eines Tieres mit der eines Menschen zu vergleichen, zeigt nicht gerade, wer weniger oder mehr intelligent ist.

Nein, Menschen, die mit der Natur und vielen unterschiedlichen Tieren zu tun haben, werden bestätigen, dass Tiere eine erstaunliche Intelligenz haben und wir werden noch hunderte von Jahren brauchen, um sie zu verstehen. Sie handeln nicht aus Instinkt, es steckt eine gute und komplexe Logik hinter ihren Handlungen, die wir einfach noch nicht ganz verstehen.

Ich würde sogar sagen, dass das Wort *Intelligenz* falsch ist. Man kann sie bei Tieren nicht so messen, wie beim Menschen und außerdem sind für Tiere andere Fähigkeiten relevant als für uns.

Meiner Meinung nach ist es sehr schwierig zu sagen, welche Tiere schlauer sind als die anderen. Es kommt immer darauf an, wie man „schlau" definiert und welche Kriterien der Untersuchung zugrunde liegen. Oft machen wir Menschen den Fehler, die Intelligenz der Tiere an unserer Intelligenz zu messen. Das wäre, als ob man heute sagen würde, dass ein Schiff weniger „schlau" ist als ein Flugzeug, weil das Flugzeug hoch fliegt und schneller ankommt. Aber in Wahrheit ist das Schiff genauso „schlau" wie das Flugzeug, sie haben nur unterschiedliche Funktionen und Ziele.

Geben wir einem Menschen ein Smartphone, der so etwas noch nie gesehen hat, wird er sehr dumm aussehen. Heißt das, dass dieser Mensch nicht schlau ist? Dennoch liste ich hier auf, was die Bücher uns über schlaue Tiere sagen und gebe hier einige Beispiele der intelligentesten Tiere nach Menschenverständnis und -logik. Auf den folgenden Seiten erfährst du mehr über diese Tiere, die zu den intelligentesten auf der Erde gehören.

# 8.1. Die schlausten Tiere

**Delfin:** Die Intelligenz von Delfinen ist weitgehend anerkannt. Nach neuesten Studien sind Delfine genauso intelligent wie der Mensch. Ihre Hirnstruktur erlaubt komplizierte Denkvorgänge und ermöglicht es, ein Selbstbewusstsein zu erlangen. Andere Studien widersprechen dieser Annahme und halten Delfine zwar für schlau, aber nicht so schlau wie der Mensch. Delfine können sich individuell durch ihre Pfeiflaute erkennen und sich sogar damit direkt anrufen und antworten. Diese Laute sind nicht durch die Charakteristik der Stimme definiert, sondern durch die Lautfolge. Das heißt, die Lautfolge wird wie ein Name verwendet – das ist einmalig im Tierreich. Genau wie der Mensch können Delfine verschiedene Symbole erkennen. Das können Seelöwen auch, sogar schneller als Delfine. Delfine können sogar fernsehen und die Szenen verstehen.

Orang-Utan

**Orang-Utans** können kommunizieren und sind sozial gut organisiert. Sie bilden ihre Kinder aus, unterrichten sie in den alltäglichen Dingen und erziehen sie zur Unabhängigkeit.

Ich persönlich finde **Hunde und Katzen** auf ihre Art sehr intelligent. Hunde erkennen schon an den kleinsten Bewegungen, was ihr Herrchen will und wie es ihm geht.

**Schimpansen** und das Experiment von Wolfgang Köhler:

„Eine Banane wird oben ins Drahtgitterdach des Spielplatzes gehängt, viel zu hoch, um selbst im Sprung von einem Schimpansen erreicht zu werden. Einige Meter von dieser Stelle entfernt befindet sich eine Kiste von beträchtlicher Größe. Hier zögerte Sultan niemals; er schleppte die Kiste so weit, bis sie gerade unter der Banane stand, kletterte herauf, sprang von hier aus in die Höhe und erreichte die Banane ohne die geringste Mühe.“ So schreibt er in seinem Buch *Die Aufgabe der Gestaltpsychologie* (Berlin 1971, S. 117).

Oder wie bei Wikipedia zu lesen ist:

„Andere Schimpansen hatten unter anderem Kistentürme gebaut und waren an diesen emporgeklettert, um an hoch hängende Bananen heranzukommen. Ferner hatten sie Stöcke ineinandergesteckt, um damit an eine Frucht zu kommen, die sich außerhalb ihres Käfigs befand. Aus den Beschreibungen Köhlers geht hervor, dass die Schimpansen diese Handlungen nicht allein durch Ausprobieren erlernten. Vielmehr habe man beobachten können, dass ein Tier ruhig

Schimpanse mit Stock © Pacman

dasaß, umherschaute – zur Banane, zu den Kisten, zum Platz unter der Banane – um irgendwann gleichsam überlegt die Kisten unter der Banane zu stapeln und so die Frucht herabholen zu können. Köhler wies aber auch darauf hin, dass nicht jedes seiner Tiere zum Werkzeuggebrauch in der Lage war.“

**Elefanten sind Herdentiere**. Wenn ein Artgenosse stirbt, betrauern die restlichen Tiere seinen Tod und halten sogar Totenwache. Sie erkennen sich im Spiegeltest und verwenden Pflanzenbüschel und Zweige, um Fliegen zu vertreiben. Elefanten haben noch dazu ein super Gedächtnis. Sie vergessen nichts und können Rache üben. Man kennt die Geschichten von Elefanten, die als Rache für ihren getöteten Genossen das ganze Dorf zerstörten, in dem der „Mörder" lebte. Nach der Zerstörung gingen sie wieder zurück in den Wald.

Elefanten können komplizierte Zusammenhänge verstehen. So zum Beispiel, wenn sie von Strom an einem Zaun gestört werden. Die Forscherin Joyce Poole beobachtete Elefanten, die große Steine benutzten, um die Stromversorgung zu kappen. Sie warfen Steine auf den elektrischen Zaun, um so die Stromversorgung zu unterbrechen.

**Der Fuchs** ist schlau. Die Intelligenz sei sogar eines der Erfolgs- und Überlebensgeheimnisse dieser Tierart. Anstatt zu verschwinden und vom Menschen ausgerottet zu werden, der ihren Lebensraum zerstört, lernen die Füchse im Gegenteil, den Lebensraum der Menschen für sich zu nutzen und erfolgreich weiterzuleben.

Das ist einzigartig bei den Raubtieren. Auch die Jagdmethoden des Menschen durchschauen sie schnell.

Auch einige Vögel gehören zu den intelligentesten Tieren.

**Raben** können einen Draht geschickt zurechtbiegen und als Werkzeug benutzen. Sie können auch rechnen. Dieser Vogel hat außerdem erkannt, dass ein Auto nützlich für ihn sein kann. Zum Beispiel legt er Nüsse auf die Straße und wartet, bis ein Auto darüberfährt und die Nuss knackt.

**Tannenhäher** können sich bis zu 3000 Verstecke merken! Sie deponieren Nüsse oder auch Kiefersamen in Bäumen als Vorrat für den Winter.

Tannenhäher © Murray B. Henson

Graupapagei © Ernst Vikne

**Papageien** können sprechen. Sie können, wie Alex, der Graupapagei der Tierpsychologin Irene Pepperberg, die Bedeutung hinter den Worten begreifen. Alex konnte Gegenstände nach ihrer Farbe, Größe, Anzahl und ihrem Material benennen.

Goffinkakadu
© Lip Kee Yap

**Der Goffinkakadu**, eine Papageienart, kann einen Plan entwickeln, um komplexe Probleme zu lösen. Er kann Werkzeuge erfinden. Er kann zum Beispiel eine Technik entwickeln, wie er aus seinem Käfig herauskommt, um an Nüsse zu kommen, die außen vor dem Gitter liegen. „Nachdem er mit dem Versuch gescheitert war, die Nuss mit einem kleinen Stöckchen in den Käfig zu befördern, löste er einen langen Splitter aus dem Rahmen. Mit dem Gerät funktionierte es“, berichten Wissenschaftler um Alice Auersperg im Fachblatt *Current Biology.* „In einem weiteren Versuch befreite er einen kleinen Ast von Seitenzweigen und kürzte ihn, da er sich als zu lang erwies, zum passenden Werkzeug“, wie in der *Süddeutschen Zeitung* zu lesen ist.

**Kapuzineraffe © Whaldener Endo**

Ein Gorillaweibchen benutzt einen Stock als Werkzeug © http://journals.plos.org/plosbiology/

**Kapuzineraffen** leben in Mittelamerika und setzen sich stark für die gerechte Verteilung von Essen untereinander ein. Außerdem vergleichen sie sich miteinander.

**Affen** können Werkzeuge benutzen. Nach neuesten Studien können sie sich sogar Gedanken über die Zukunft machen.

**Gorillas** zeigen erstaunliche Fähigkeiten. Ein Beispiel zeigt uns das Gorilla-Weibchen Koko in Amerika. Wikipedia schreibt: „Koko erlangte internationale Aufmerksamkeit, nachdem sie von Francine Patterson und anderen Wissenschaftlern an der Stanford University trainiert wurde, mit über 1.000 Zeichen der Amerikanischen Gebärdensprache zu kommunizieren und annähernd 2.000 englische Wörter zu verstehen. Sie ist darüber hinaus der einzige bekannte Gorilla, der den Spiegeltest bestanden hat. Koko verfügt bereits über bemerkenswerte Sprachfähigkeiten. Auf die Frage: „Was ist der Tod?“ antwortete Koko mit drei Zeichen: „Gemütlich – Höhle – Auf Wiedersehen.““

**Buckelwale** haben komplexe Gesänge entwickelt, mit denen sie sich verständigen. Es existieren unterschiedliche Liedtypen. Je nach Region haben sich außerdem bestimmte Dialekte gebildet, die die Herkunft der Tiere verraten.

**Ameisen** sollen die intelligentesten Insekten der Welt sein. Sie bilden Städte, in denen Millionen von ihnen leben können und wo alles genauestens organisiert ist. Sie bilden auch Autobahnen mit Millionen Ameisen, aber ohne Stau, denn überholen ist verboten. Jede einzelne Ameise respektiert dieses Gesetz, nicht wie bei den Menschen, die gerne mal die Regeln der Straßenverkehrsordnung missachten! Jede Ameise hat eine gezielte Aufgabe, sei es als Jäger, Sammler, Soldat, Wächter, Beobachter, Ingenieur usw.... Sie halten sogar Sklaven. Sie kommunizieren miteinander, können sogar fremde Ameise empfangen, wie es die Menschen tun, die danach wieder zu sich nach Hause gehen.

**Waldameisen**

Auch andere Tiere, wie **Bienen** oder **Kraken** zeigen erstaunliche Zeichen von Intelligenz. **Afrikanische Mäuse** überraschen immer wieder mit der Art, wie sie Fallen umgehen und dennoch den Köder fressen.

**Biene**

**Krake**

Ich habe den Fall erlebt, dass eine **Katze** den Topfdeckel aufmachte, Fleischstücke entwendete und den Deckel wieder dicht schloss. So hat zuerst niemand daran gedacht, dass sie es gewesen war. Das ist Intelligenz und Denken.

## 8.2. Die Geschichte von unserem Hund, der Streit schlichtete

Als ich zwischen 3 und 11 Jahre alt war, hatten wir eine Hündin, einen Schäferhund. Sie kam zu uns als sie noch ein Baby war. Das Haus war voll mit Kindern. Es waren ständig mindestens 12 Kinder im Haus. Ich komme aus einer großen Familie. Mein Vater hatte damals zwei Frauen und dementsprechend viele Kinder. Dazu kamen Cousins und Cousinen. Unsere Eltern hatten ihr Haus und wir Kinder hatten unser eigenes Haus auf dem gleichen Grundstück.

Wir spielten sehr viel mit der Hündin und sie war ein volles Familienmitglied geworden, das wir sehr liebten. Diese Hündin hasste es, wenn man sich stritt. Sie kam dann drohend dazwischen, schubste die ältere Person weg und nahm den Schwächeren in Schutz.

Als sie größer und reifer geworden war, spielte sie die Rolle der Richterin. Sie ging nicht mehr zwischen die Streithähne, um die schwächere bzw. die jüngere Person zu schützen.

Ihr Verhalten änderte sich. Sie beobachtete den ganzen Streit. Sie verfolgte die Diskussion sehr aufmerksam und wenn eine Person bei dem Streit wegging und weiter stritt, folgte sie ihr sogar. Und dann, irgendwann, wurde es ihr zu viel, und sie ging auf die Person los, die ihrer Meinung nach schuldig war, oder unfair und ungerecht gehandelt hatte. Erstaunlicherweise lag sie fast immer richtig, wie sich herausstellte, wenn unsere Eltern dann kamen und die Streithähne befragten. Es ging so weit, dass unsere Eltern, wenn es Streit gegeben hatte und sie die Wahrheit wissen wollten, nur die Hündin riefen und fragten, wer angefangen hatte. Die Hündin bellte dann diejenige Person an, die den Streit angefangen hatte. Fragte man sie, wer Recht hatte, bellte sie denjenigen an, der Recht hatte. Das war wirklich erstaunlich. Wir hatten danach andere Hunde, die aber nicht so waren wie sie. Mein Vater sagte, dass es daran liege, dass wir mit unserer Hündin viel zusammen gemacht hatten, viel Zeit mit ihr verbracht, viel mit ihr gespielt, sie voll integriert, ihr vertraut und ihr viel Freiheit gegeben hatten. All das haben wir mit den anderen Hunden nicht mehr so gemacht, als wir in die Stadt gezogen waren, wo sie auch nicht mehr die Freiheit und das große Gelände zum Spielen hatten. Mein Vater ergänzte, dass bei Tieren Streitereien untereinander, Schlichtung und sich wieder vertragen auch dazugehöre. Sie müssen das lernen, und sie lernen es gut, wenn das Umfeld stimmt.

**Schäferhund**

An diesem Beispiel sieht man, dass Tiere ganz komplexe Situationen, wie Streitereien zwischen Menschen, verstehen können, wie unsere Richter am Gericht auch. Das ist Intelligenz.

# 8.3. Die Mathematiker und Physiker unter den Tieren

Tiere sind wahre Mathematiker und Physiker. Sie können viele Sachen tun, die wir Menschen nicht können und kennen. Sie haben sozusagen Mathe im Blut und deswegen wissen sie zum Beispiel genau, wie lange sie brauchen, um eine Strecke zurückzulegen. Sie wissen genau, welche Jahreszeit es ist. Was Piloten jahrelang lernen müssen und nur mit der Unterstützung von Computern hinbekommen, nämlich ein Flugzeug zu fliegen und die Koordinaten zu kennen, machen Vögel blind. **Zugvögel**, **Wale** und **Meeresschildkröten** können Tausende von Kilometern zurücklegen, ohne die Orientierung zu verlieren, weil sie die Trigonometrie beherrschen.

**Raben**, **Papageien**, **Honigbienen**, **Tauben**, **Ratten**, **Löwen**, **Delfine** und viele **Affenarten** können zählen und sogar rechnen.

Mengenrechnung gehört zur Mathematik und diese Tiere können das ziemlich gut. So kann ein Tier mit einem Blick erfassen, welcher von zwei Bäumen mehr Früchte trägt, dass die Gegner in

Überzahl sind oder dass es eine bestimmte Höhe nicht erreichen kann.

**Pferde** nehmen Bewegungen wahr. Manche sagen, dass sie es unbewusst tun. Ich gehe aber davon aus, dass man das so nur denkt, wenn man diese Pferde aus menschlicher Sichtweise betrachtet. Der Fall des Pferdes „Kluger Hans“ und dem Schulmeister und Mathematiklehrer Wilhelm von Osten wurde sehr oft kommentiert und erregte viele Aufmerksamkeit. Das Pferd konnte rechnen, buchstabieren, zählen und gab die richtigen Antworten auf die Fragen des Lehrers durch das Klopfen seines Hufes oder durch Nicken oder Schütteln des Kopfes.

**Osten und der Kluge Hans, ca. 1908 von www.kryptozoologie.net**

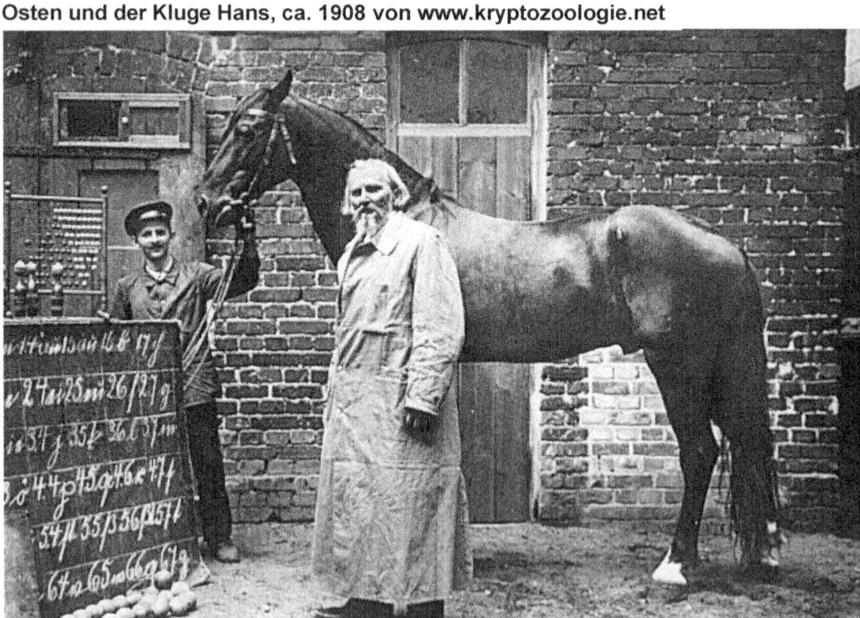

Der amerikanische Mathematiker Tim Pennings zeigte, dass **Hunde** und andere Säugetiere Mathe können. Er spazierte mit seinem Hund „Elvis“ am Strand des Lake Michigan entlang. Er warf Tennisbälle ins Wasser, der Hund brachte sie zu ihm zurück und Pennings beobachtete, dass sein Hund bei einigen Bällen scheinbar einen Umweg nahm, um ihn zu erreichen. Da wurde er stutzig. Warum nahm der Hund nicht den direkten Weg, sondern lief zunächst eine ganze Weile am Strand entlang und sprang erst dann ins Wasser, als er auf gleicher Höhe mit dem Ball war?

**Hund im Meer – Bild zur Illustration**

Der Mathematiker verstand, dass der Hund genau wusste, dass der schnellste Weg, um den Ball im Wasser zu erreichen, nicht der kürzeste und direkteste Weg sein muss. Er wusste, dass er schwimmend nicht so rasch vorankam wie rennend. Auf dem Land wäre er direkt zum Ball gerannt, aber mit dem Wasser zwischen sich und dem Ball, wusste er anscheinend, dass er so viel Strecke wie möglich an Land zurücklegen und die Strecke im Wasser kurz halten sollte, wenn er schnell am Ball sein wollte.

Später fand Pennings heraus, dass sein Hund immer, auch wenn es sehr stürmisch war und der Ball wegen der Wellen hin und her schwamm, die beste Strecke wählte, die ihn am wenigsten Zeit und Energie kostete. Diese Strecke zu berechnen ist für Menschen nur mit komplizierten Differenzialgleichungen möglich.

**Hund beimStöckchenholen, Bild zur Illustration © Kleuske**

**Hunde** springen nicht zufällig in die Luft, um etwas zu fangen. Sie berechnen immer alles genau, gleichzeitig „wo, wie und wann“, um es im richtigen Moment zu erwischen.

Wir sehen manchmal Hunde einen leichten Kreisbogen laufen, um einen Ball, der geworfen wurde, zu erreichen. Für den Menschen sieht es aus, wie ein Spiel. Aber für den Hund erscheint die Flugbahn des Objekts wie eine Gerade und sie behält er immer im Blick.

**Ein Auszug aus dem Buch „Je mehr Löcher, desto weniger Käse: Mathematik verblüffend einfach“ (2012) von Holger Dambeck zeigt, wie der Mathematiker den Weg seines Hundes Namens Elvis berechnete.**

> Er rennt vom Startpunkt A über den Strand bis zum Punkt D. Diese Strecke hat die Länge z - y. Dann schwimmt er von D zu B. Nach dem Satz des Pythagoras ist diese Strecke die Wurzel aus ($x^2 + y^2$). Die Laufgeschwindigkeit bezeichnen wir mit g, die Schwimmgeschwindigkeit mit s. Weil Zeit = Weg/Geschwindigkeit ist, erhalten wir für die Gesamtzeit folgende Formel:
>
> $T(y) = (z-y)/g + \sqrt{}(x^2 + y^2)/s$
>
> Wir suchen das Minimum dieser Funktion und berechnen deshalb ihre erste Ableitung:
>
> $T'(y) = -1/g + y/(s^* \sqrt{}(x2 + y2))$

Das Minimum der Funktion muss bei $T'(y) = 0$ liegen.

Als Lösung erhalten wir dann:

$y = x/\sqrt{(g2/s2-1)}$

Ergebnis der Untersuchung: Elvis rennt mit 6,4 Metern pro Sekunde und schwimmt mit 0,9 Metern pro Sekunde. Daraus ergibt sich die Beziehung $y = 0{,}14x$. Das bedeutet, dass der Hund sehr lange über den Strand läuft, bevor er fast senkrecht abbiegt, um den Rest der Strecke zu schwimmen. Das ist Mathematik für clevere Köpfe. Wie viele Menschen können das Gleiche tun?

**Tauben** können genauso gut zählen und abstrakte Zahlenregeln befolgen wie Affen. Das bewiesen 2011 neuseeländische Forscher. Ihre Forschung zeigte, dass die Vögel Bilder korrekt nach der Menge der jeweils dargestellten Objekte ordnen – selbst wenn sie die Formen und Objekte zum ersten Mal sehen.

Auch **Fische** können rechnen: In einem Experiment, das im *National Geographic* erschien, wurde von einer ähnlichen Rechenfähigkeit von Fischen berichtet. Es ging um **Koboldkärpflinge**. Zehn von ihnen wurden in einen Wassertank gegeben. Sie sollten durch zwei mögliche Türen zu einem größeren Tank mit anderen Fischen gelangen. Aber nur eine

Koboldkärpfling © Raver, Duane

der Türen, die mit der richtigen Anzahl an Symbolen (mit unterschiedlichen Formen, Größen, Farben usw.) war die richtige. Nur durch sie würden die Fische zu ihren Artgenossen kommen. Das bedeutete, die Fische mussten zuerst die Anzahl der Symbole zusammenrechnen und dann die richtige Tür mit der gleichen Anzahl an Symbolen finden. Die Koboldkärpflinge wählten immer die richtige Tür.

**Bienen** können auch rechnen, wie Professoren vom Max-Planck-Institut an der Universität Würzburg bewiesen haben. Die Bienen konnten nach menschlichen Vorgaben Tafeln mit bis zu 4 Objekten erkennen. Sie konnten die Anzahl der Objekte zählen.

**Zugvögel, Aale, Wale, Meeresschildkröten** legen mehrere Tausend Kilometer zurück, hin und her, ohne die Orientierung zu verlieren. Sie kommen immer genau da an, wo sie hinwollen. Das ist höchste Trigonometrie. Flugzeuge und Schiffe ohne Radar würden das nicht schaffen.

**Wüstenameisen** zählen ihre Schritte.

Wüstenameisen
© C: Bobzin

**Wüstenameise © C. Bobzin**

Von Tag zu Tag entdecken Wissenschaftler immer mehr Tiere, die rechnen können! Vielleicht sollten wir Menschen nicht versuchen, Tiere dazu zu bringen, wie wir zu rechnen, sondern uns dazu bringen, wie die Tiere zu rechnen, ihre Art komplexe Aufgaben zu erledigen, zu verstehen. Wir würden vielleicht – wie diese Tiere – viel mehr naturverbundene Wissenschaft entdecken, die uns viel weiter bringt, uns viele natürliche Geheimnisse verrät und all das, ohne die Natur und die Menschen zu zerstören. Vielleicht stellen wir irgendwann fest, dass die Tiere die besseren Mathematiker sind?

# 8.4. Die Handwerker unter den Tieren

Persönlich glaube ich, dass viele Tiere Werkzeuge benutzen können. Sogar Insekten tun es, aber wir sehen oder erkennen dies nicht. Hier sind nur einige Beispiele unter vielen:

Bereits 1778 hatte der niederländische Naturforscher Arnout Vosmaer (1720–1799) aus eigener Anschauung über einen der ersten lebend in Europa eingetroffenen **Orang-Utans** berichtet. Dieser habe 1776 in der Menagerie von Wilhelm V. versucht, mit einem kleinen Stück Holz ein Schloss zu öffnen, und – bei anderer Gelegenheit – habe er versucht, mit

einem aus einem Brett herausgezogenen Nagel die Befestigung der Kette wegzuhebeln, mit der er in seinem Käfig angebunden war. (Wikipedia)

Bei einem Versuch an der Universität von Auckland in Neuseeland benutzten **Krähen** einen Stock als Schnabelverlängerung, um an einen zweiten Stock zu gelangen, der wiederum lang genug war, ein Fleischstück aus einem Holzstück mit Hohlraum zu angeln.

**Schimpansen** können im Freiland Werkzeuge benutzen und sogar Jagdwaffen herstellen. Sie benutzen auch Hammer oder Steine, um Nüsse zu knacken und Speere, um Beutetiere zu jagen, wie Forscher im Senegal beobachteten.

Auch andere **Affen** können ziemlich gut Holzstäbe als Werkzeuge nutzen.

**Elefanten** benutzen auch Werkzeuge.

# 8.5. Architekturwunder der Tiere - Tiere sind super Architekten: 10 Beispiele

Nicht nur die Menschen, sondern auch die Tiere sind super Architekten. In manchen Bereichen sind sie sogar viel weiter als die Menschen, wie zum Beispiel die Termiten, die ein Haus (den Termitenhügel) bauen können, das über das ganze Jahr gleichbleibend temperiert ist, ohne Klimaanlage!

Quelle und Bilder: www.soocurious.com

**Termiten:**

**Spinifex Termite**, Australien. Diese Termiten bauen Türme, die über 6 Meter hoch sein können und in denen mehr als 3 Millionen von ihnen leben können.

Spinifex Termiten, Australien

**Spinifex Termiten, Australien**

**Meeresschnecke**, in den Tiefen der tropischen Ozeane

Diese bemerkenswerten Weichtiere verwenden ihre Schalen als Basis und binden Kies, Muscheln und andere Ablagerungen an, um ihren Schutz vor Raubtieren zu verbessern.

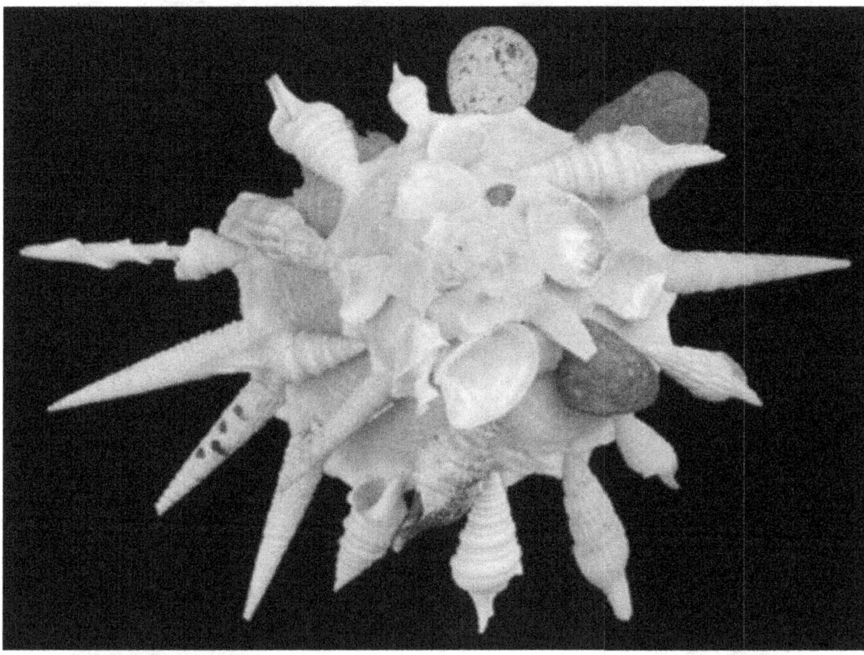

**Meeresschnecke**

**Ameisen Oecophylla**, Australien

Um ihre Nester zu bauen, nutzen Ameisen ihre Mandibeln (ihr Mundwerkzeug), um die Blätter zu verbinden. Danach werden sie mit Seide, die ihre Larven produzieren, zusammengenäht.

**Ameisen**

## **Vögel** (Bilder www.toolito.com/)

**Braune Gärtner-Vögel**, Indonesien

Diese tolle Wohnung wird *Boudoir* genannt und wird vom männlichen Braunen Gärtner erbaut. Alles, was bunt ist, gilt als Dekoration, um Weibchen anzulocken.

*Boudoir* **der Braunen Gärtner-Vögel © www.thewilderness alternative.com**

**Baya-Vögel**, die Weber aus Namibia und Kamerun

Diese Vögel benutzen frisches Gras, weil es noch flexibel ist, und verweben es miteinander. Die Sonne härtet es dann später und macht das Konstrukt sehr solide und fest.

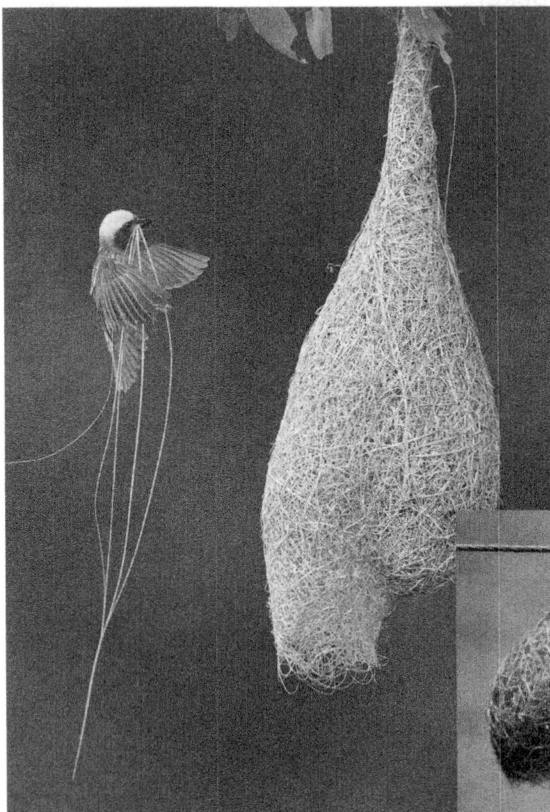

**Baya Vögel**

Der „**soziale Republikaner**“ aus Südafrika, Namibia und Botswana webt große Gemeinschaftsnester, die Hunderte von Vögeln über mehrere Generationen beherbergen können. Diese Nester, aus Stöcken und Gras gewebt, sind dauerhaft. Tiefe Kammern halten eine höhere Temperatur in der Nacht, so dass die Vögel warm bleiben.

**Der soziale Republikaner**

## Schwalben

Schwalben bauen Nester aus verschiedenen Materialien und Lehm. Einige Arten von Schwalben erstellen ihre Nester jedoch vor allem mit ihrem eigenen Speichel. Diese Nester werden von manchen Menschen als Delikatessen gegessen. Dafür ist es zunächst notwendig, das Schwalbennest von allen Verunreinigungen und den Federn zu befreien. Dann wird es mehr als drei Stunden in Wasser gekocht. Es zerfällt dabei in viele weiße Faser-Partikel, die benutzt werden, um Gerichte wie die berühmte Schwalbennest-Suppe zu machen.

**Schwalben in ihren Nestern**

**Beutelmeisen** aus Europa und Asien

Das Nest wird vom Männchen aus Spinnweben, Samenwolle und Pflanzenfasern gebaut.

**Beutelmeisen**

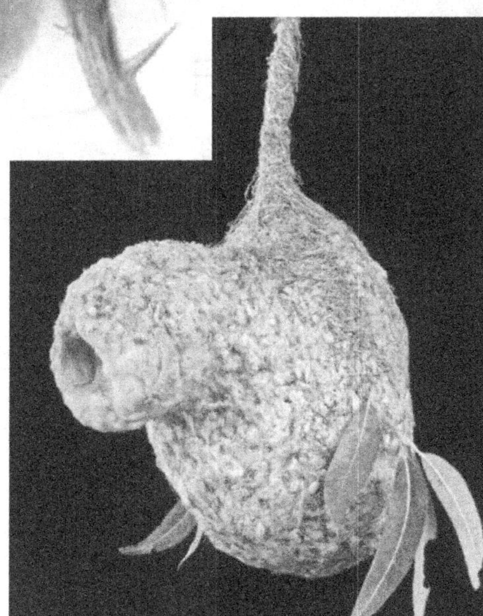

**Wespen:**

Ihr Nest wird aus gekautem Holz-Papier erstellt.

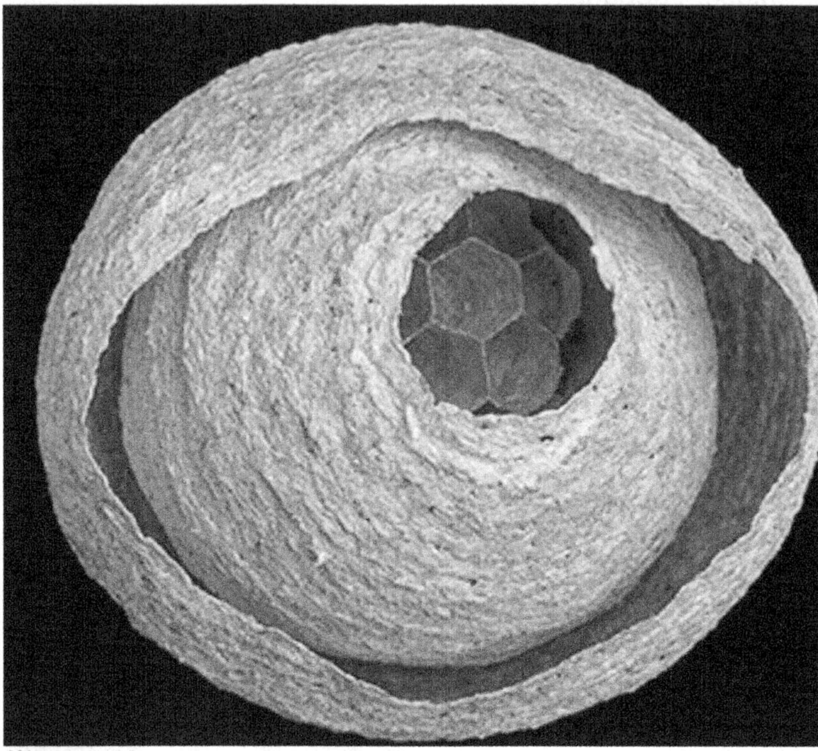

**Wespennest**

**Biber aus Kanada**, Staudamm- Ingenieure

Das Nagetier ist in der Lage, mit Zweigen der Bäume, die er selbst gefällt und zugeschnitten hat, eindrucksvolle Dämme zu bauen. Die daraus resultierenden Stauseen sind fantastische Bio-diversität-Reserven.

**Biberdamm**

**Biber**

# 8.6. Tiere, die besten Meteorologen und Zeit-Ansager

Wir Menschen brauchen Geräte und lange Studien, um zu wissen, wie das Wetter wird und trotz dieser Helfer liegen wir oft daneben. Wir könnten aber von manchen Tieren viel lernen, die mehr über das Wetter und die Zeit wissen als wir.

Die Zugvögel können uns genau sagen, ob Winter, Herbst, Sommer oder Frühling zu Ende geht oder bald kommt.

Hier sind einige Beispiele guter Meteorologen:

**Bienen** können einen Sturm oder Regen bis wenige Minuten vor der Ankunft vorhersagen. Sie entfernen sich dann nicht mehr weit von ihren Bienenstöcken.

Ein **Frosch**, der am Rand eines Teiches krächzt, sagt schönes Wetter voraus. In Afrika wird Frosch-Verhalten genutzt, um Trockenheit und Regenzeit vorauszusagen. Rainer Altenkamp vom Naturschutzbund (NABU) in Berlin erklärt dazu, dass Frösche wissen, wieviel Niederschlag die Saison bringen wird. In regenarmen Jahren legen sie weniger Eier – weil es dann zu wenig Wasser für alle Kaulquappen geben wird.

**Schnecken und manche Würmer** können auch heraufziehenden Regen vorhersagen. Kurz bevor es regnet, kommen

sie aus ihrem Versteck, wo sie ihre Haut vor Dehydratation (Austrocknung) schützen.

**Schmetterlinge** sind von schönem Wetter abhängig. Sie nutzen ihr internes Barometer, um zu entscheiden, wann sie aus dem Kokon schlüpfen.

Die Farbe von **Schmetterlingen** soll auch etwas über das Wetter sagen. Wenn die ersten weiß sind, ist das ein Zeichen für ein eher trockenes Frühjahr. Wenn sie gelb sind, bedeutet es einen nassen Frühling.

Wenn die **Spinne** ihr Netz stärkt und die Wanten verkürzt, bedeutet das, dass sie glaubt, es wird bald regnen oder windig werden. Wenn die Spinne das Gegenteil macht, oder sich in die Mitte ihres Netzes setzt und auf Beute wartet, bedeutet das, es wird schönes Wetter geben bzw. es wird trocken bleiben. Geschieht dies bei Regen, wird er bald enden. Wenn der Wind noch weht und die Spinne aber beginnt, ihre Netze zu spannen, heißt es, dass der Wind bald die Richtung ändern wird.

Als ich klein war, waren die Wettervorhersagefähigkeiten der Spinnen ein Grund, warum wir sie nicht töten sollten.

Wenn **Zebras** bereits im Sommer ein dichtes Fell haben, dann wird es einen ungewöhnlich kalten Winter geben.

Fliege

Kurz bevor es stark regnet, sehen wir auf einmal viele **Fliegen** im Haus.

Die Ankunft des **Kuckucks** kündigt den Frühling und mildes Wetter an.

Die **Schwäne** kommen im Herbst aus dem Norden.

Ein später Durchzug von **Krähen und Schwalben** bedeutet, dass das Frühjahr spät kommt. Das Gegenteil bedeutet, dass das Frühjahr früh kommt.

Wenn **Spatzen** sich in Pfützen oder trockenem Staub baden, bedeutet das: schönes Wetter.

**Mistkäfer** zeigen sich nur bei schönem Wetter. Kurz vor einem Sturm verschwinden sie alle. „Das „Wetterfühlen" ist bei ihnen so stark ausgeprägt, dass das Nervensystem dieser

Insekten sogar feinfühliger auf elektrische Feldstärken der Atmosphäre (Blitze) reagiert, als ein Quecksilberbarometer auf den atmosphärischen Druck.

**Mistkäfer**

Die Ankunft von **Möwen** an Land deutet auf einen baldigen Sturm hin.

In Kamerun kräht der **Hahn** das erste Mal am Tag fast immer um 5 Uhr früh.

## 8.7. Tiere sind die besten Naturmediziner

Menschen können von Tieren lernen.

Tiere sind sehr gute Mediziner. Sie wissen genau, was sie brauchen, um eine Krankheit zu heilen, zu bekämpfen oder um gar nicht krank zu werden. Sie heilen sich selbst, sie behandeln sich selbst. Sie treffen Vorkehrungen. Sie können vieles allein behandeln, bis auf die Krankheiten, die durch Menschen entstanden sind, und die für sie deswegen neu sind.

Bei meiner rituellen Einweihung als Kind haben ich die Natur sehr intensiv beobachtet und ganz besonders die Tiere.

Viele Arzneien, die Naturmediziner als ihre Entdeckung benutzten, kommen ursprünglich von den Tieren. Wenn ein Tier zum Beispiel Durchfall hatte, haben wir es den ganzen Tag beobachtet und notiert, welche Pflanzen es fraß. Und erstaunlicherweise haben viele dieser Pflanzen auch uns bei Durchfall geholfen.

Auch einige bekannte Potenzmittel wurden durch die Beobachtung von Tieren gefunden. Schafe, Hunde oder Hähne fraßen diese besonderen Pflanzen vor oder nach der Paarung.

Es gab keinen Tierarzt bei uns im Dorf. Die Tiere waren manchmal krank und dann wieder gesund. Sogar schlimme Knochenbrüche haben sie ohne fremde Hilfe überstanden.

Einen Beruhigungstee, den ich damals trank, hatte meine Mutter von den Tieren. Am späten Nachmittag bzw. frühen Abend, immer gegen 17-18 Uhr, als die Tiere zurück in den Hof kamen, um sich bald für die Nacht fertig zu machen, fraßen sie eine bestimmte Pflanze hinter dem Haus, obwohl sie schon satt waren.

**Ziege – Bild zu Illustration**

Sie fraßen sie also nicht, weil sie Hunger hatten, es musste etwas anderes dahinterstecken. Es war ein Beruhigungs- und Entspannungsgras. Als wir das entdeckten, machte meine Mutter daraus Tee und wir tranken ihn abends, bevor wir ins Bett gingen und siehe da: wir schliefen ruhiger und länger.

Da wir sehr viele Tiere hatten, machten wir sehr hilfreiche Beobachtungen. Wir hatten scharfe Pfefferpflanzen, die manchmal bis zu einem Meter groß waren. Wenn die Hühner Grippe hatten, suchten sie Schutz unter diesen Bäumchen. Sie standen da stundenlang und fraßen ihre Blätter. Dann waren sie wieder gesund. So wussten wir, dass scharfe rote oder gelbe Pfeffer Medizin sind und Infektionskrankheiten heilen können.

So hat man in Afrika viele Arzneien gefunden, dank der Tiere. Hier einige Fälle, die Forscher beobachtet haben:

**Waldelefanten** fressen regelmäßig ein bestimmtes Tonmineral. Ähnlich wie eine Kohletablette, entzieht dieses sogenannte Kaolin dem Darm Wasser und bindet Giftstoffe.

**Ein Elefantenweibchen** wurde beobachtet, wie es vor der Geburt eine Pflanze suchte, die auch den dortigen Menschen als wehenfördernd bekannt ist.

**Elefanten** benutzen neben Ton auch Lehm, um ihren Darm zu reinigen.

Roter Stummelaffe

**Die Roten Stummelaffen** auf Sansibar nehmen zum gleichen Zweck sogar tatsächlich eine Art Kohletablette ein: Sie fressen Holzkohle von verbrannten Bäumen.

**Gorillas** fressen die Früchte wilden Ingwers, die wohl eine antibakterielle Wirkung haben.

**Affen** fressen Ton, um ihre Verdauungsprobleme zu heilen.

**Orang-Utans** zerkauen die Blätter von Tagblumen zu einer weißen Masse und salben sich damit den Körper ein, um Gelenkschmerzen zu lindern.

**Schimpansen** essen die mit den Astern verwandten Korbblütler der Gattung Aspilia und auch manche Schmetterlingsblütler, Eisenkrautgewächse oder Hibiskus-Arten, um Würmer und Parasiten auszuscheiden oder zu töten.

**Schimpansen** schlucken Erde von Termitenhügeln. Diese enthält antibiotische Stoffe, die Termiten produzieren, um ihren Bau zu desinfizieren.

**Landschildkröten** fressen kalziumhaltige Mineralien, damit ihr Panzer hart bleibt.

**Pferde** tauchen ihre Hufe in Schlamm aus Ton, wenn sie krank sind.

**Wildschweine, Rehe, Hirsche** tauchen in Tonaufschlämmung ein, wenn sie verletzt sind. Dieser Breiumschlag auf ihren Wunden reinigt und schützt ihre Wunden und beschleunigt die Heilung und Vernarbung.

**Schwalben** tun den Saft von Schöllkraut auf die noch geschlossenen Augen ihrer Jungen.

**Ameisen und Bienen** desinfizieren ihre Nester mit eigens gesammeltem Harz, um Bakterien und Pilze abzutöten.

**Schmetterlingsraupen** fressen gezielt Pflanzen mit giftigen Inhaltsstoffen, um Parasiten zu entfernen.

**Fruchtfliegen** schützen ihre Eier mit Alkohol vor Parasiten.

**Vögel** schützen ihre Nester mit bestimmten Pflanzen, die vor Blut saugenden Milben oder Läusen schützen.

**Wölfe** graben, wenn sie von Schlangen gebissen werden, aus der Erde die Wurzel des Schlangen-Knöterichs, auch Wiesen-Knöterich genannt, aus und fressen sie. Sie haben dann starken Durchfall, der das Gift austreibt.

**Gämsen** fressen, wenn sie von einer Schlange gebissen werden, die Pflanze Wolfsmilch, die wie ein starkes Abführmittel wirkt und somit wird das Gift ausgetrieben.

# 8.8. Tiere sind Top-Psychologen

Tiere sind wahre Psychologen. Sie können gut Menschen- und Tierverhalten ablesen und die Körpersprache, Gesichtsmimik, sogar Gedanken erkennen und vielleicht besser lesen und analysieren als wir Menschen. Sie erkennen und sondieren eine Situation genau.

Sie erkennen, wer sie mag und wer nicht. Sie spüren, ob die Umgebung positiv ist oder nicht. Sie spüren, ob einer vor ihnen Angst hat oder nicht.

Die Tiere helfen auch Menschen bei der Heilung von Krankheiten.

## 8.9. Affen erkennen und unterscheiden Mädchen- und Jungen-Spielzeug, genau wie Menschen

Auch Affen können "geschlechtstypisches" Spielzeug wählen, ohne dass man sie vorher darauf eingestimmt hat. Die Vorlieben der Affen deckten sich mit denen der Menschenkinder. Die Affen bekamen Spielzeuge, wie Autos, Bälle, Puppen, Kochtöpfe, Bilderbücher, Stofftiere. Erstaunlicherweise spielten männliche Affen ausschließlich mit typischem Jungenspielzeug und weibliche Affen interessierten sich nur für Puppen und Kochtöpfe. Das Experiment wurde durchgeführt von Gerianne Alexander von der A&M-Universität Texas und Melissa Hines von der Universität London, sowohl mit Affen in Gefangenschaft, als auch mit freilebenden Affen. Das Ergebnis war das gleiche. Bei geschlechtsneutralem Spielzeug wie Bilderbüchern oder Stofftieren gab es keinen Unterschied: Die Affen beider Geschlechter wollten damit spielen. Das Experiment zeigte somit, dass das, was ein

Mädchen- oder ein Jungenspielzeug ausmacht, nicht unbedingt gesellschaftlich vorbestimmt ist. Nicht nur die Sozialisierung führt dazu, dass Jungen und Mädchen unterschiedliche Vorlieben bei Spielzeug haben. Vielmehr sorgt etwas Angeborenes dafür, dass Mädchen und Jungs von verschiedenem Spielzeug angezogen werden.

Affen mit Spielzeug

„Bestimmte Aspekte eines Spielzeugs, die die Geschlechter anders ansprechen, könnten mit traditionellen weiblichen und männlichen Funktionen zusammenhängen, die schon seit Urzeiten wichtig sind“, vermutet Gerianne Alexander. So wird Spielzeug, das mit Bewegung und Rennen und Kampf zu tun hat, wie Autos oder Bälle, von Jungen und Männern bevorzugt, weil sie unbewusst die Mobilität fördern, die im späteren Leben nützlich sein kann für männertypische Verantwortung: Jagd, Futtersuche, die Familie schützen usw.

# 9. Kuriose Fortpflanzung der Tiere

**Bettwanzen-Männchen** stechen ein Loch in alle Artgenossen, die sie treffen. Egal ob männlich oder weiblich, egal wie alt die anderen Bettwanzen sind. So bringen sie ihre Samen direkt in den Leib der Weibchen ein.

**Männliche Bettwanze bohrt ein Loch in eine andere Bettwanze © Rickard Ignell**

**Das australische Beutelmaus- Männchen** macht es, bis es stirbt. Innerhalb von 12 Stunden begattet es bis zu 16 Weibchen. Nach nur zwei Wochen sind alle Männchen tot.

**Blattläuse** pflanzen sich nur einmal im Jahr fort. Und dabei geht es neben der Befruchtung auch um Sex für Bakterien. Die Weibchen lassen sich von den Männchen infizieren. Die Bakterien helfen den Insekten, Pflanzenmaterial zu verdauen, hohe Temperaturen besser zu vertragen und fremde Larven der Schlupfwespe abzutöten.

Ginge es nur darum, Babys zu kriegen, bräuchte das Weibchen keine Männchen. Sie klont sich lieber. Sie kann täglich bis zu zehn geklonte Blattläuse auf die Welt bringen. Deswegen vermehren sie sich so schnell und können sich fast jeder natürlichen Begebenheit und vielen Veränderungen (Pflanzengifte) schnellstens anpassen.

**Weibliche Tiere der Pilzlederkoralle** können ihr Geschlecht ändern, je nachdem wie die Umweltbedingungen sind. In schwierigen Zeiten ändern die Pilzlederkorallen ihr Geschlecht zum Männchen. In guten Zeiten wechseln einige Exemplare wieder ins weibliche Geschlecht, um die Art zu erhalten.

**Pilzlederkoralle**

**Die Larven des Igelwurms** können auch das tun, was die Pilzlederkorallen können. Sie setzen sich auf dem Meeresboden ab und entwickeln sich zu zehn Zentimeter langen Weibchen. Sinkt eine Larve allerdings auf ein Weibchen herunter, verwandelt sie sich in ein Männchen. Sie geht durch den Mund des Weibchens und lässt sich in dessen Uterus nieder. So braucht das Weibchen keinen Partner mehr für die Befruchtung.

**Gottesanbeterin:** Die Gottesanbeterin verspeist das Männchen nach der Paarung.

**Weibliche Gottesanbeterin verspeist das Männchen nach der Paarung © Oliver Koem-**

Gottesanbeterinnen bei der Paarung © Oliver Koemmerling

**Spinnen:** In der Paarungszeit muss das Männchen das Netz des Weibchens zum Vibrieren bringen. Nur so erkennt das Weibchen, was das Männchen will. Lehnt sie die Avancen des Spinnen-Männchens ab, wird er von ihr gefressen. Aber auch wenn sie seine Avancen akzeptiert, muss er aufpassen, nicht nach der Paarung trotzdem gefressen zu werden.

**Ein Seidenspinnenweibchen frisst das Männchen © Kumon**

# 9.1. Parthenogenese: Tiere, die sich selbst befruchten können

Normalerweise braucht man zur Befruchtung ein männliches und ein weibliches Wesen. Manche Tiere betreiben, wenn das andere Geschlecht nicht da ist, etwas, das man *Parthenogenese* nennt:

„Das ist eine Form der eingeschlechtlichen Fortpflanzung. Dabei entstehen die Nachkommen aus unbefruchteten Eizellen. Manche Tiere, meist weibliche, wie z. B. Blattläuse, Wasserflöhe, manche Fisch- und Eidechsenarten, Schnecken sowie die Blumentopfschlangen können sich eingeschlechtlich fortpflanzen."
(wikipedia.de)

**Weibliche Komodowarane** tun es. Sie bringen männliche Tiere zur Welt und pflanzen sich dann mir ihren neuen Artgenossen fort.

**Truthahn-Weibchen**, wenn kein Partner zur Befruchtung bereitsteht, tun sie es auch allein und bringen Truthahn-

Männchen auf die Welt, damit der natürliche Weg der Fortpflanzung weitergeht.

Bisher wurde Parthenogenese bei vielen Tierarten nachgewiesen, unter anderem bei:

- Fadenwürmern (Nematoda)
- Insekten: Rüsselkäfer, Gespenstschrecken, Kopfläuse, Große Sägeschrecke, Gallmücken
- Spinnen und einigen weiteren Spinnentieren, zum Beispiel Skorpione der Familie Buthidae
- Krebsen, insbesondere Cladocera, Daphnia, Marmorkrebs
- Schnecken, etwa Thiaridae (z. B. Melanoides tuberculata, Potamopyrgus antipodarum)
- Echsen, wie dem australischen Gecko, dem Komodowaran
- Vier Schlangenarten:
  Wassermokassinottern,
  Nordamerikanischen Kupferköpfen,
  im Regelfall bei den Blumentopfschlangen,
  im Ausnahmenfall bei dem Tigerpython

**Blumentopfschlange © Hinrich Kaiser and Mark O'Shea**

- Vier Hai-Arten: beim Weißgepunkteten Bambushai, beim Schaufelnasen-Hammerhai, beim Kleinen Schwarzspitzenhai und beim Kalifornischen Schwellhai

**Schaufelnasen-Hammerhai © Mills Baker**

**Kleiner Schwarzspitzenhai © Albert Kok**

Weißgepunkteter Bambushai © Patrick Doll

Kalifornischer Schwellhai © Rennett Stowe

# 9.2. Homosexualität bei Tieren

Auch wenn es sehr selten und eigentlich nur eine Ausnahme in der Natur ist, findet man dennoch Fälle von Homosexualität bei Tieren.

Schon vor 2300 Jahren beobachtete Aristoteles bei seiner Reise nach Afrika, wie sich in einer Gruppe Hyänen Männchen mit Männchen, aber auch Weibchen mit Weibchen vergnügten. Damals bewertete Aristoteles diese Handlung auch: Er schrieb, dass es sich bei dieser Tat um „eine weitere unter vielen anderen Abscheulichkeiten dieses ekelhaften Tiers" handelte, was den Ruf der Hyäne ruinierte.

**Pinguine:**

Bei Pinguinen wurde beobachtet, dass Männchen untereinander monogame Beziehungen eingehen.

Königspinguine © Lieutenant Philip Hall, NOAA Corps

**Affen: Die Bonobo-Männchen** haben enge Beziehung, nicht nur mit Weibchen, sondern auch untereinander.

**Bonobo**

Auch bei **Elefanten** wurde Bindungen unter Bullen beobachtet.

**Weibliche Koalas** besteigen andere Weibchen und zeigen dabei durch Laute ihre Lust.

# 10. Die längste Schwangerschaft

Die längste Schwangerschaft ist ohne Frage die der **asiatischen Elefantenkuh**. Durchschnittlich dauert die Tragezeit bei ihr ca. 650 Tage also über 21 Monate. Manchmal trägt sie bis zu 760 Tage, das sind über zwei Jahre.

**Asiatische Elefantenkuh mit ihrem 1 Tag alten Jungtier © Fabien Bastide**

# 11. Erstaunliche sportliche Leistungen

Ein kleiner und kurzer Vergleich zwischen menschlichen und tierischen sportlichen Leistungen.

**Sprintweltmeister** Usain Bolt hätte über 100 m gerade einmal ein Drittel der Distanz geschafft, wenn ein **Gepard** bereits ins Ziel käme. Keine Chance bei knapp zehn Sekunden auf 100 m gegen etwa drei Sekunden!

**Gepard © Gregory Wilson, Still aus dem Video "Cheetahs on the Edge"**

Die 44 km/h des Sprinters stehen einer Endgeschwindigkeit von bis zu 120 km/h des Geparden gegenüber. Wie gut für unsere hochdotierten Sprinter, dass auch Windhunde, Gabelböcke, Riesenkängurus und viele andere bei den Wettkämpfen der Menschen nicht starten dürfen. Selbst das schwergewichtige Flusspferd würde mit 48 km/h vor ihnen durchs Ziel stapfen (mehr dazu siehe unten).

Den **Weltrekord über 10.000 m** hält der Äthiopier Kenenisa Bekele mit 26:17,53 Minuten. Der schon bei den Sprintern „erfolgreiche" **Gabelbock** würde dafür nur 12:30 Minuten benötigen.

**Gabelbock**

Die besten Marathonläufer sind auf ihrer Spezialstrecke gut zwei Stunden unterwegs. Ein **Onager**, ein asiatischer Wildesel, schafft die 42-km-Distanz in nur 45 Minuten.

**Onager**

Der **Kulan**, ein Halbesel Mittelasiens, ist der Dauerläufer schlechthin. 70 km/h hält er mindestens fünf Kilometer lang durch. Bei Distanzen um die 40 Kilometer kann er immer noch 50 „Sachen" schnell sein.

Ein **Gorilla** auf der **Gewichtheberbühne** würde unter den urigen Schwerathleten vielleicht nicht sonderlich auffallen. Wären da nicht sagenhafte 900 kg, die er ohne Aufbautraining, sogar ohne Anabolika, zu heben vermag. Die 260 kg, die unsere besten Schwergewichtler zur Hochstrecke bringen, lassen den Ruhmesglanz der Stärksten etwas verblassen.

**Gorilla © Raul654**

Weberameise

Setzt man die **Hebeleistung** in Vergleich zur eigenen Körpermasse, wäre die afrikanische **Weberameise** unangefochtener Weltmeister. Man sah das nur 2 mg wiegende Tierchen einen toten Vogel von 7 g fortziehen. Für den Menschen würde das bedeuten, 200 PKW mit seiner Muskelkraft von der Stelle zu bewegen.

Ziemlich nahe kommen Spitzensportler den tierischen Konkurrenten im **Weitsprung**. Der derzeitige Weltrekord im Weitsprung liegt bei 8,95 m, der vom **Schneeleopard** mit 14m locker getoppt wird. Der **Rothirsch** springt 11 m weit, was etwa dem 4,5fachen seiner Körperlänge entspricht.

Schneeleopard © Bernard Landgraf

Beim Vergleich der Sprungweite zur Körperlänge kommt der **Floh** auf ganz erstaunliche Leistungen. Auch wenn er „nur" etwa 60 cm springt, entspricht es dem 200fachen seiner Körperlänge.

Der **Springfrosch** mit seinen 2 m weiten Sprüngen schafft immerhin noch das 33fache seiner Körperlänge. Im Vergleich schafft es der menschliche Weltrekordler, das etwa 5fache seiner Körperlänge zu springen.

**Springfrosch**

Im **Hochsprung** zeigt sich ein ähnliches Bild. Die menschlichen 2,45 m stehen den 5,50 m gegenüber, die der **Puma** in die Höhe schnellt. Der Mensch benötigt für höhere Höhen die Hilfe eines Stabes.

**Puma © Justin Shoemaker**

Wenn Australiens neuer **Superschwimmer** Ian Thorpe bei den letzten Weltmeisterschaften Goldmedaillen en gros abräumte, so war das nur unter seinesgleichen möglich. Auf 6 bis 7 km/h bringen es die Topstars im Becken. Der **Blaue Marlin** schafft 120 km/h, **Delfine** 100 km/h und sogar der **Eisbär** immerhin 10 km/h.

(Quelle: Dankend von www.mark-ariu.de/rekorde-in-der-tierwelt)

Blauer Marlin © National Oceanic and Atmospheric Administration

Eisbär

# 11.1. Welches sind die schnellsten Tiere?

Das schnellste Tier überhaupt, die Nummer 1, ist der Wanderfalke, ein Raubvogel. Er ist das schnellste Lebewesen der Erde: Bei seinen Sturzflügen erreicht er Spitzengeschwindigkeiten von bis zu 340 Kilometer pro Stunde.

**Wanderfalke**

### 11.1.1. Die schnellsten Säugetiere

Das schnellste Landsäugetier auf kurze Distanzen ist der **Gepard**. Er erreicht im Spurt bis zu 120 km/h. Diese Geschwindigkeit kann er aber nicht lange halten. Nach einem Sprint muss er sich 30 Minuten ausruhen. Gemessen wurde diese Geschwindigkeit auf einer Hunderennbahn. Ein weiterer sehr schneller Sprinter ist der **Windhund** mit 110 km/h. Im Vergleich: Ein Mensch sprintet beim 100-Meter-Lauf etwa 44 km/h.

Gepard

Das schnellste Landsäugetier auf langen Strecken ist der **Gabelbock**. Er kann auch auf längere Distanzen bis zu 92 km/h laufen. Ein 2 Tage alter Gabelbock ist schneller als ein menschlicher Sprinter, ein 4 Tage alter Gabelbock ist schneller als ein Pferd.

**Gabelbock**

Das schnellste schwimmende Säugetier ist der **Delfin**, er schwimmt bis zu 100 km/h schnell. Im Vergleich: Schwimmrekord Mensch (Ian Thorpe) 6 bis 7 km/h, Eisbär bis 10km/h.

**Delfin**

## 11.1.2. Die schnellsten Vögel

Der schnellste Laufvogel ist der **Strauß** mit bis zu 72 km/h. Seine Füße haben nur zwei Zehen und er hat sehr kräftige Beine.

**Afrikanischer Strauß © Stig Nygaard**

Der schnellste „normale" Vogel ist der **Wanderfalke**, der im Sturzflug bis zu 360 km/h schnell fliegt. Neueste Versuche haben einen Rekord von 389 km/h gemessen. Ein weiterer schneller Flieger ist der **Stachelschwanzsegler**. Bei ihm wurden im Sturzflug Geschwindigkeiten von bis zu 335 km/h gemessen.

**Wanderfalke © Mike Baird**

Der schnellste schwimmende Vogel ist der **Eselspinguin** mit 27 km/h. (nach anderen Quellen schafft er sogar bis zu 36 km/h).

**Eselspinguin**

Im Horizontalflug ist der **Mauersegler** der Rekordhalter mit bis zu 200 km/h. Bei der Hallermeise wurden auch schon 209,4 km/h gemessen, doch konnte die Messung nicht bestätigt werden.

**Mauersegler beim Flugmanöver © Klaus Roggel**

## 11.1.3. Die schnellsten Reptilien

Das schnellste Reptil ist die **Rennechse** mit bis zu 29 km/h.

**Rennechse © Diver Dave**

Die schnellste Schlange ist die **Schwarze Mamba** (24 km/h). Du müsstest sprinten wie ein Hundertmeterläufer, um ihr bei so einem Tempo zu entkommen.

Das schnellste Reptil im Wasser ist die **Lederschildkröte** mit 35 km/h.

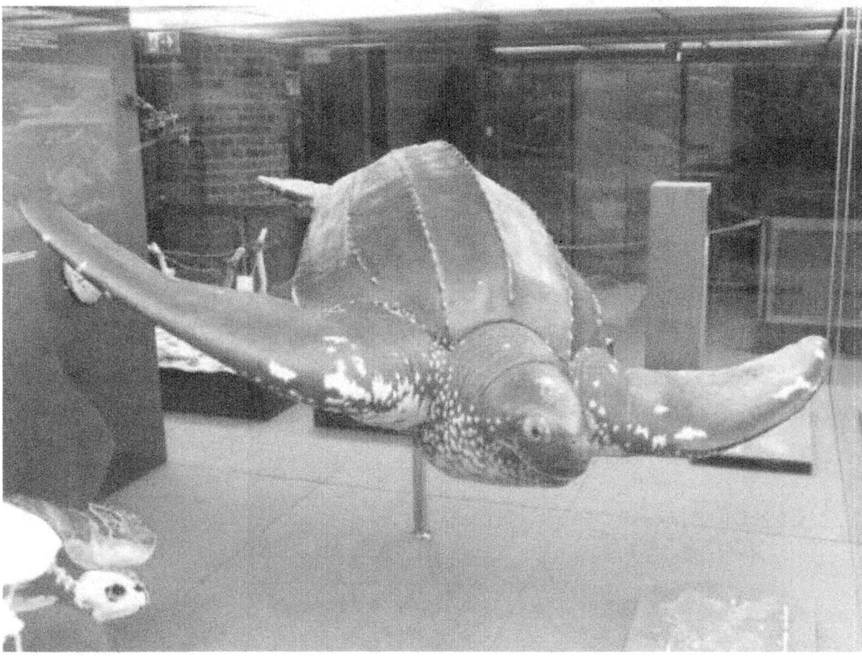

**Lederschildkröte im Meeresmuseum von Stralsund © Klugschnacker**

## 11.1.4. Die schnellsten Insekten

Schnellstes fliegendes Insekt ist die **Libelle**, die bis zu 58 km/h schnell fliegen kann.

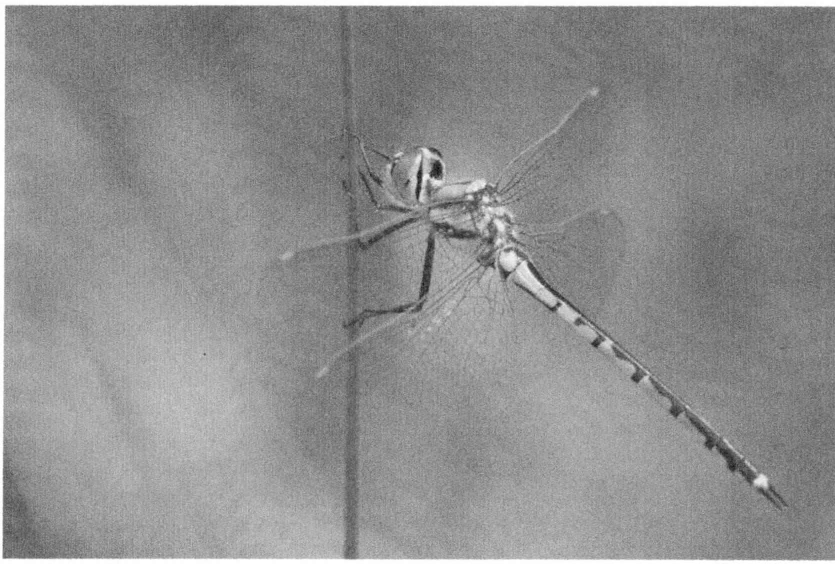

**Libelle © Fir0002 / Flagstaffotos**

Schnellstes krabbelndes Insekt: Das schnellste Insekt am Boden ist die **Kakerlake**, die sich mit 5,4 km/h fortbewegen kann.

Schnellstes hüpfendes Insekt: Das schnellste Insekt im Sprung **Speedusmorzella**, die bis zu 30 m weit springen kann und damit eine Endgeschwindigkeit von bis zu 62 km/h erreicht.

## 11.1.5. Die schnellsten Fische

Der schnellste Fisch ist der **Blaue Marlin** mit 120 km/h, dicht gefolgt vom **Fächerfisch** bzw. **Segelfisch** mit 111 km/h.

Im Vergleich: Schwimmrekord Mensch (Ian Thorpe): 6 bis 7 km/h.

(Dankend von www. mark-ariu.de/rekorde-in-der-tierwelt)

**Fächerfisch © Citron**

**Blauer Marlin**

## 11.1.6. Liste der schnellsten Landtiere

| Tier | Art | Höchste Geschwindigkeit |
|---|---|---|
| Nr.1: Gepard | Raubtier | 120 km/h |
| Windhund | Raubtier | 110 km/h |
| Thomson-Gazelle | Huftier | 100 km/h |
| Springbock | Huftier | 90 km/h |
| Hirschziegen-antilope | Huftier | 80 km/h |
| Gnu | Huftier | 80 km/h |
| Afrikanischer Wildhund | Raubtier | 77 km/h |
| Kojote | Raubtier | 75 km/h |
| Känguru | Diprotodontia | 70 km/h |
| Elch | Huftier | 60 km/h |

| | | |
|---|---|---|
| Löwe | Raubtier | 60 km/h |
| Nashorn | Huftier | 50 km/h |
| Eisbär | Raubtier | 40 km/h |
| Afrikanischer Elefant | Rüsseltier | 40 km/h |
| Flusspferd | Huftier | 40 km/h |
| Sandlaufkäfer | Käfer | 9 km/h |
| Kakerlake | Insekt | 5,4 km/h |

Nilpferd

# 11.2. Marathon-Experten unter den Tieren

Manche Tiere sind hervorragende Marathonläufer, Menschen sind auf ihrer Spezialstrecke gut zwei Stunden unterwegs.

**Onager, ein asiatischer Wildesel**, schafft die 42-km-Distanz in nur 45 Minuten.

**Onager**

**Der Kulan, ein Halbesel Mittelasiens**, ist der Dauerläufer schlechthin. 70 km/h hält er mindestens fünf Kilometer lang durch. Bei Distanzen um die 40 Kilometer kann er immer noch 50 km/h schnell sein.

Kulan © S Ballal

**Die indische Libelle** ist die „Marathonläuferin“ unter den Insekten, sie fliegt von Südindien nach Ostafrika - das sind bis zu 18.000 Kilometer pro Jahr.

Indische Libelle

**Schlittenhunde** mit optimaler Veranlagung und optimalem Training können in 24 Stunden einen Schlitten über 200 km weit ziehen.

Schlittenhunde

**Pferde** sind dem Menschen auf Langstrecke deutlich überlegen. Sie schaffen ca. 24 km/h, sie können mit 3-4 kurzen Pausen lange Strecken zurücklegen.

Wildpferde

# 11.3. Die besten Springer

## 11.3.1. Die besten Hochspringer

**Der Klippspringer,** der elegante „Balletttänzer“, ist eine Antilope, die im Süden Afrikas lebt und bis zu acht Meter hoch in die Luft springen kann. Er braucht nicht viel Platz dafür. Er kann auf Felsen landen, die nicht größer sind als 3 $cm^3$. Der Klippspringer ist die einzige Antilope, die sich auf den Hufspitzen fortbewegt.

**Klippspringer © Frank Vassen**

**Der Delfin** springt bis zu 7 m hoch. Dies gelingt ihm, weil er im Wasser einen langen Anlauf nehmen kann. Er ist der Rekordhalter unter den Wassertieren.

**Der Puma** kann bis zu 6 m hoch springen. Keine Katze springt höher als ein Puma.

**Das Graue Riesenkänguru** aus Australien kann bis zu 3 Meter hoch springen.

Graues Riesenkänguru © PanBK

**Der Feldhase:** Der fellige Flitzer kann aus dem Stand bis zu zwei Meter hoch springen und kann außerdem gut schwimmen.

Feldhase

**Die Wiesenschaumzikade** (Insekt) ist 6 mm lang und springt 0,6 m hoch.

Im Vergleich: Der Weltrekord eines menschlichen Hochspringers liegt zurzeit bei 2,45 m. (Der Mensch benötigt für höhere Höhen die Hilfe eines Stabes.)

**Wiesenschaumzikade © Elke Freese**

**Der Floh** springt im Verhältnis zu seiner Körpergroße am höchsten. Flöhe können das 350fache ihrer eigenen Körpergröße hoch springen.

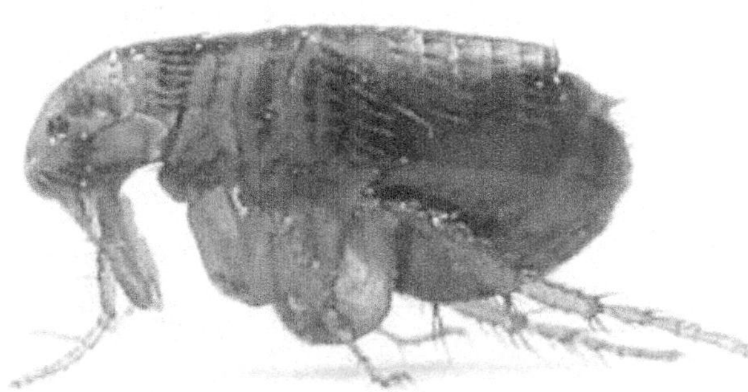

**Floh**

## 11.3.2. Tiere, die am weitesten springen

**Der Schneeleopard** aus Zentralasien kann bis zu 15 Meter weit springen. Dabei nutzt er seinen langen Schwanz im Sprung als eine Art Steuerruder.

**Das Graue Riesenkänguru** aus Australien kann dank seiner starken Hinterbeine mit elastischen Muskeln bis zu 13,5 Meter hinlegen. Sein Schwanz hilft ihm, das Gleichgewicht nicht zu verlieren.

**Der Rothirsch** springt 11 m weit, was etwa dem 4,5fachen seiner Körperlänge entspricht.

**Die Schmuckbaumnatter**, eine Schlange aus den tropischen Regenwäldern von Süd- und Südostasien, kann bis zu 10 Meter weit springen (es sieht aus als würde sie fliegen).

Das schnellste Insekt im Sprung ist die **Speedusmorzella,** die bis zu 30 m weit springen kann und damit eine Endgeschwindigkeit von bis zu 62 km/h erreicht.

**Die Impala,** eine Gattung mittelgroßer afrikanischer Antilopen, schaffen bis zu 9 Meter.

Impala © Kyle Meerholz

**Die besten Weitspringer (Sprungweite im Vergleich zur Körperlänge)**:

Dankend von http://mark-ariu.de/rekorde-in-der-tierwelt

- Der **Floh** springt in etwa 0,6 m und überspringt somit das 200fache seiner eigenen Körperlänge.
- **Springfrosch** springt 2,00 m; 33fache Körperlänge. Frösche schließen beim Springen immer die Augen.
- **Heuschrecke**: 2,00 m; 30fache Körperlänge.
- **Schneeleopard**: 16 m
- **Rothirsch**: 11 m; 4,5fache Körperlänge

Im Vergleich: Der Weltrekord der Menschen im Weitsprung beträgt 8,95 m, etwa das 5fache seiner Körperlänge.

**Heuschrecke**
**© Manfred Werner**

## 11.4. Gewichtheben: Die stärksten Tiere der Welt

**Der Gorilla:** Der muskulöse Primat kann über 2.000 Kilogramm stemmen, was dem Zehnfachen seines eigenen Gewichts entspricht.

**Der Afrikanische Elefant:** Er kann bis zu 6.500 Kilo wiegen und ein 9.000 Kilogramm schweres Gewicht bewegen. Fast 4,5mal mehr als ein Gorilla!

**Der Ochse** stemmt ohne Probleme 900 Kilo.

**Die Anakonda** kann ohne Probleme große Tiere bis 250 Kilo erwürgen.

**Der Adler:** Das stärkste Tier in der Luft ist die **Harpyie**. Die auch als **Affenadler** bekannten Vögel können bis zu 9 Kilogramm schwere Beutetiere schlagen und transportieren.

**Harpyie © Mdf**

**Starkes Reptil:** Ein **Nil-Krokodil** kann ein Zebra (250 Kilogramm) unter Wasser ziehen und mehrfach um die eigene Achse drehen.

**Stärkster Fisch:** Der **Weiße Hai**. Seine Beißkraft stellt mit bis zu drei Tonnen eine beeindruckende Größe dar.

**Weißer Hai © Sharkdiver.com**

## 11.4.1. Wer ist das stärkste Tier der Welt gemessen an der Körpergröße: Der Elefant oder ein Käfer?

Viele Menschen werden glauben, dass der Löwe, der Elefant oder ein Gorilla das stärkste Tier der Welt ist. Aber das ist nicht so, wenn man die Kraft, die Tiere aufbringen können, in Relation zu ihrer Körpergröße bringt.

Das stärkste bisher bekannte Tier ist nicht etwa der Elefant, nicht der Gorilla, sondern **eine Hornmilbe,** auch Moos-, Käfer- oder Panzermilbe genannt.

**Hornmilbe © S.E. Thorpe**

Das Tier misst nur knapp einen Millimeter, wiegt nur ein zehntausendstel Gramm, kann aber das 1200fache seines eigenen Körpergewichts halten. Die in den Tropen verbreitete Hornmilbe (Archegozetes longisetosus) lebt im Boden von verfaulenden Organismen.

**Stärkster Käfer: Nashornkäfer.** Er trägt Lasten, die 850-mal schwerer sind, als er selbst und ist somit im Verhältnis zu seinem Körper stärker als Gorilla und Elefant.

**Nashornkäfer © Bojars**

**Ameisen** können Dinge bis zum 50fachen ihres eigenen Körpergewichtes tragen, manche, wie die afrikanische Weberameise, mehr als das 300fache. Man sah das nur 2 mg wiegende Tierchen einen toten Vogel von 7 g bewegen. Ein Mensch müsste im Vergleich über 200 PKW bewegen, um das zu leisten, was eine kleine Ameise schafft.

**Ameise**

# 11.5. Die besten Tiere im Wasser

Nicht nur Fische und Meerestiere können schwimmen oder tauchen und Rekorde brechen. Auch Landtiere und Vögel können es und sogar sehr gut. Zum Beispiel können **Ratten** acht Tage lang ohne Pause schwimmen, oder **Schildkröten** 100 Tage unter Wasser bleiben, oder **Eselspinguine** bis zu 27 km/h schnell im Wasser schwimmen.

## 11.5.1. Tieftauchen: Die besten Taucher

**Säugetier: Der Pottwal** taucht 3.000 m tief und kann bis zu 1 Stunde unter Wasser bleiben. Kein Tier, das Luft zum Atmen braucht, taucht tiefer als der Pottwal. In der Tiefe jagt er Tintenfische und Kalmare. Man kann ihr Luftholen noch in einem Kilometer Entfernung hören, wenn sie wieder aufgetaucht sind.

Eine Mutter Pottwal und ihr Kalb © Gabriel Barathieu via Wikimedia Commons

**Reptil: Die Lederschildkröte** taucht bis zu 1.200 m tief.

**Fisch: Tiefseefische** wie der Barten-Drachenfisch können bis zu 8.300 m tief tauchen. Tintenfische 7.000 m, Krebstiere bis zu 5.500 m.

**Barten-Drachenfisch © Edith Widder/HBOI**

Ein **Krokodil** kann bis zu 2 Stunden lang tauchen.

**Die Antarktischen Seeelefanten** tauchen bis zu 1.800 Meter tief und können zwei Stunden lang die Luft anhalten.

**Seeelefant © Mike Baird**

**Vögel: Der Kaiserpinguin** kann bis zu 534 m tief tauchen. Die Dickschnabellumme (ein Alkenvogel) taucht bis zu 210 m tief.

Im Vergleich: Der beste Taucher ist Umberto Pelizzari. Er tauchte 1999 aus eigener Kraft 80 m tief. Sein einziges Hilfsmittel waren Schwimmflossen.

## 11.5.2. Tiere, die am schnellsten schwimmen

Der schnellste Fisch ist der **Blaue Marlin** mit 120 km/h, dicht gefolgt vom **Fächerfisch** bzw. Segelfisch, der kann bis zu 111 km/h schnell sein.

Das schnellste schwimmende Säugetier ist der **Delfin**. Er schwimmt bis zu 100 km/h schnell. **Der Eselspinguin** ist der schnellste schwimmende Vogel und kann bis 27 km/h (manche Quellen sprechen von 36 km/h) schnell werden.

**Der Eisbär** schafft immerhin 10 km/h.

Rekordhalter bei **Menschen**: Auf 6 bis 7 km/h bringen es die Topstars im Becken.

**Eselspinguin © Stan Shebs**

### 11.5.3. Welche Tiere halten am längsten unter Wasser die Luft an?

Auch hier erleben wir Überraschungen: Wer glaubt, dass nur Wassertiere das können, täuscht sich gewaltig, wie die Liste beweist. Auch Reptilien oder Vögel schaffen erstaunliche Zeiten.

**Die Moschusschildkröte** kann bis zu 100 Tage ohne Luft im Wasser leben.

Manche **Seeschlangen** können bis zu 8 Stunden unter Wasser bleiben.

**Der Cuvier-Schnabelwal** kann über 2 Stunden im Wasser bleiben, ohne Luft zu holen. Ausgewachsen kann er bis zu sieben Meter groß und bis zu drei Tonnen schwer werden.

**Der Pottwal** kann bis zu 2 Stunden unter Wasser bleiben.

**Antarktische Seeelefanten** ebenfalls bis zu 2 Stunden.

Auch manche **Alligatoren** können bis zu 2 Stunden unter Wasser sein.

**Biber** können 45 Minuten die Luft anhalten.

Biber © Steve

**Salzwasserkrokodile** können bis zu 1 Stunde unter Wasser bleiben.

**Meeresechsen** 30 Minuten.

**Kaiserpinguine** 18 Minuten.

**Enten** 15 Minuten.

Der Rekord des **Menschen** liegt bei 11 Minuten.

# 11.6. Wie atmen Tiere unter Wasser?

Um zu leben, brauchen wir alle Sauerstoff. An Land und in der Luft ist das recht einfach. Aber wie machen das die Tiere, die im Wasser leben? Sie haben sich ihren Weg gesucht und sich auf verschiedene Arten angepasst.

**Schnorcheln**

Manche Tiere hängen an einem Oberflächenhäutchen und können so einfach Sauerstoff aus der Luft aufnehmen.

**Auftauchen**

Manche Tiere tauchen, müssen aber regelmäßig an die Wasseroberfläche zurück, um Luft zu atmen. Sie sind Lungenatmer wie die Menschen.

Über **Kiemen**

Viele Tiere, wie Fische, atmen über Kiemen, die man seitlich am Kopf eines Fisches erkennen kann. Wenn die Fische Wasser in ihr Maul einströmen lassen, bleiben die Kiemendeckel geschlossen und so wird der im Wasser gelöste Sauerstoff entnommen. Wenn die Fische ihren Mund wieder schließen, öffnen sich die Kiemendeckel, so dass das Wasser wieder über die Kiemen ausströmen kann, so wird das Kohlenstoffdioxid mit dem ausströmenden Wasser abgegeben.

### Hautatmung

Manche Tiere (vor allem Amphibien, Würmern) atmen über die Haut. Ihre Haut ist sehr dünn und muss feucht bleiben. Trocknet die Haut aus, ersticken sie. Über die Haut wird der Sauerstoff aufgenommen und über feine Äderchen im Körper verteilt und über die Haut geht auch das Kohlendioxid wieder raus. Dieser Vorgang wird *Diffusion* genannt. Amphibien, Schlangen und Fische können über die Haut atmen.

**Amerikanischer Ochsenfrosch, atmet zu 80% über die Haut**

## 11.6.1. Fische

Fische atmen über ihre Kiemen.

**Clownfische © FireFly5**

## 11.6.2. Meeressäugetiere

Als Lungentiere müssen Meeressäugetiere öfter an die Oberfläche gehen, um den Sauerstoff zu suchen, wie zum Beispiel Seekühe, Robben, Wale, Delfine und Seeotter.

Wale brauchen, wegen ihrer Nasenlöcher auf der Kopfoberseite, nicht vollständig aufzutauchen, um Luft einzuatmen. Mit jedem Atemzug können sie ihre Lunge bis zu 90% mit Sauerstoff befüllen und können dann lange ohne Luft im Wasser bleiben.

**Blaslöcher des Blauwals © TBjornstad**

# 11.6.3. Amphibien

Amphibien wie Frösche sind Lungenatmer, aber sie können auch im Wasser über ihre Haut atmen.

**Frosch**

**Schwarzer Salamander**

## 11.6.4. Insekten

Viele besitzen Tracheen und müssen an die Wasseroberfläche, um Luft zu atmen. Manchen Insekten nutzen den im Wasser gelösten Sauerstoff. Aber irgendwann müssen sie trotzdem an die Oberfläche. Viele kleine Insekten atmen nur durch die Körperoberfläche.

**Stechmückenlarven** schnorcheln. Andere, wie die Wasserspinnen, lassen kleine Luftbläschen in den feinen Haaren am Hinterleib „kleben“ und nehmen sie so mit nach unten ins Wasser.

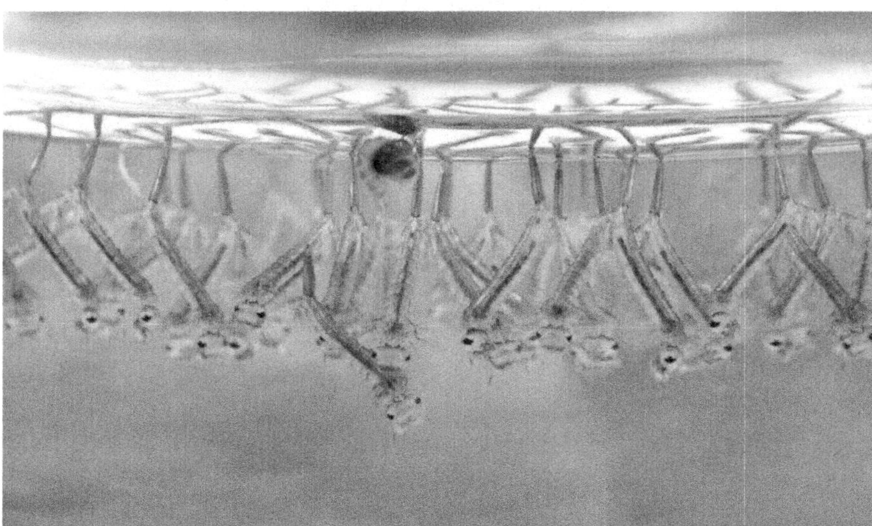

**Schnorchelnde Stechmückenlarven © James Gathany, CDC**

## 11.6.5. Reptilien

Als Lungentiere müssen Reptilien immer wieder an die Wasseroberfläche, um Luft zu atmen. Viele **Schildkröten** atmen im Wasser über die Kloake (Köperausgang). Manche Schildkröten, wie die **Moschusschildkröte**, können bis zu 100 Tage unter Wasser bleiben, ohne einmal an die Oberfläche zu gehen, um Luft zu holen. Sie können das vermutlich wegen eines speziellen Organs in ihrem Rachen.

**Moschusschildkröte © Dawson**

**Krokodile** atmen über ihre Nasenlöcher, die sie aus dem Wasser halten.

**Schlangen** haben auch keine Kiemen, sondern eine sehr lange Lunge, die bis zum Schwanzende reicht. Sie müssen nach einiger Zeit an die Wasseroberfläche gehen. Ihre Nasenöffnungen sitzen auf der Kopfoberseite, um die Atmung im Wasser zu erleichtern und sie können durch eine Klappe verschlossen werden.

Es wird aber vermutet, dass manche Schlangen auch über die Haut oder über die Mundschleimhäute Sauerstoff aus dem Wasser entnehmen können. Diese Vermutung basiert auf der Erkenntnis, dass manche Schlangen bis zu 8 Stunden unter Wasser bleiben können.

# 12. Sonstige Rekorde in der Tierwelt

**Von mark-ariu.de/rekorde-in-der-tierwelt**

- **Die Tiere mit dem größten Fortpflanzungsorgan**
  Platz eins hat der **Blauwal**. Sein Organ kann bis zu drei Meter lang sein und hat einen Durchmesser von dreißig Zentimetern.
  An Land ist der **Afrikanische Elefant** spitze: Im erregten Zustand ist sein Organ ca. 1,80 Meter lang.
  Im Vergleich zur eigenen Körpergröße hat die **Entenmuschel** das längste Organ: es ist 5-mal so groß wie sie selbst.
- **Die extremste Hitze**
  Die Oryx-Antilope kann stundenlang in der prallen Wüstensonne stehen. Ihr Körper erhitzt sich auf 43 Grad. Kein Säugetier erträgt eine höhere Körpertemperatur. Ein Mensch wäre bei dieser Temperatur schon gestorben.

**Oryx-Antilope**

- **Das dichteste Fell**

  Der Seeotter hat das dichteste Fell aller Tiere. Bis zu 120.000 Haare drängen sich auf einem Quadratzentimeter. Auf dem Kopf eines Menschen sind es dagegen nur 300 Haare pro Quadratzentimeter.

- **Die längsten Fellhaare**

  Moschusochsen haben die längsten Fellhaare aller Tiere. Sie werden bis zu 90 cm lang. Die Haare des Menschen können allerdings noch länger werden.

- **Den größten Hunger**

  Den größten Hunger im Tierreich hat die Spitzmaus. Sie verzehrt Essen in der Menge ihres eigenen Körpergewichts pro Tag. Sie muss 22 Stunden am Tag essen, sonst stirbt sie an Nahrungsmangel.

**Spitzmaus**

- **Die genauste innere Uhr**

  Der Zaunkönig singt auf die Minute genau jeden Tag zur selben Zeit und ist damit die genauste Uhr im Tierreich.
- **Die beste Nase** im Tierreich hat der Aal.
- **Die meisten Zähne** im Tierreich hat eine Schnecke. Im Durchschnitt hat sie 25.000 Zähne auf der Zunge.
- **Das größte Auge** hat der Riesenkalmar mit 0,38 m Durchmesser.

- **Das scheueste Säugetier** ist der Schneeleopard.
- **Das am besten isolierende Fell**

  Der Polarfuchs hat das am besten isolierende Fell aller Landsäugetiere.

**Polarfuchs**

- **Das beste Gehör** im Tierreich hat die Fledermaus.
- **Den größten Wachstumsfaktor** im Tierreich hat das Känguru. Es ist bei der Geburt nur 2 cm groß und 1 Gramm schwer. Es wächst um das 60.000fache.
- **Das größte Ei** legt der Strauß. 18 cm lang, 14 cm breit und 1,7 kg schwer (so viel wie 20 Hühnereier).

- **Die meisten Nachkommen**

  Die Stubenfliege setzt bis zu 5,6 Mrd. (5.600.000.000) Nachkommen in die Welt.
- **Die meisten Augen**

  Die Libelle hat mit 40.000 Segmenten die meisten Einzelaugen.

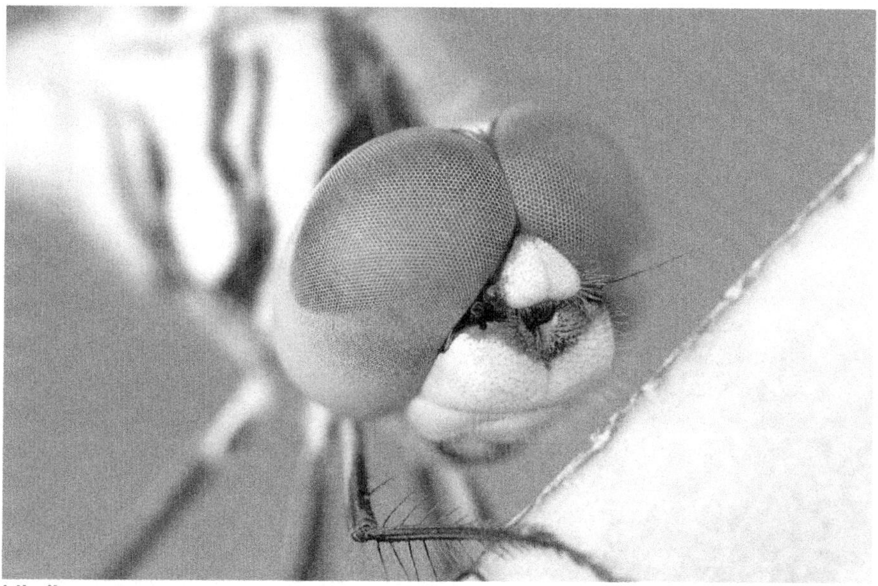

Libellenaugen

- **Der beste Wetterprophet** ist das Eichhörnchen. Es wird schon 10 Stunden vor einem Gewitter unruhig und befindet sich bereits 3 Stunden vor dem Gewitter in seinem Bau und stopft die Löcher.

- **Die höchste Dosis Schlangengift** unter den Säugetieren verträgt der Mungo. Mit nur 5 kg Körpergewicht verträgt er das Vierfache an Schlangengift im Vergleich zu einem Menschen.

Mungos

- **Das Schwein** ist das einzige Tier, das Sonnenbrand bekommt.
- **Zugkraft**

  An einen 1×1×1cm großen Muskel einer Muschel könnte man ca. 1,5 Millionen Tonnen hängen.

# 13. Lösung des Quiz: Wahr oder falsch?

**Bei den Seepferdchen bekommen die Männchen die Kinder.**

<u>**Wahr:**</u> Die Weibchen spritzen den Männchen die Eier in die Bauchtasche, wo sie dort vom Männchen befruchtet werden. Nach zehn bis zwölf Tagen ist es soweit, und die Männchen gebären dann die kleinen Baby-Fische.

**Seepferdchen**

**Delfine machen nie beide Augen zu, wenn sie schlafen.**

<u>**Wahr**</u>: Delfine halten auch während des Schlafens immer ein Auge offen, so dass sie herannahende Feinde erkennen können.

**Kein Tier kann rückwärts fliegen.**

<u>**Falsch**</u>: Hummeln sind die einzigen Insekten, die rückwärts fliegen können und der Kolibri kann auch rückwärts fliegen.

**Kolibri**

**Schildkröten können monatelang im Wasser bleiben ohne Luft einzuatmen.**

Wahr: Die Moschusschildkröte kann ohne Luft bis zu 100 Tagen im Wasser leben.

**Die Zunge einer Giraffe ist so lang, dass sie sich damit ihre Ohren putzen kann.**

Wahr: Giraffen haben eine bis zu 45 cm lange, muskulöse und bewegliche Zunge, so nutzt die Giraffe ihre Zunge nicht nur, um Blättern zu umschlingen, sondern auch dazu, ihre Ohren zu reinigen.

**Säugetiere legen keine Eier, denn sie gebären.**

Falsch: Das Schnabeltier und der australische Kurzschnabel-igel sind Säugetiere, die auch Eier legen.

**Manche Vögel können monatelang von Europa nach Afrika und zurück fliegen, ohne sich auf den Boden oder auf einem Baum zu setzen. Sie schlafen und essen beim Fliegen.**

Wahr: Alpensegler können in der Luft schlafen. Sie verlangsamen ihren Flügelschlag in dieser Zeit.

**Es gibt keine Vögel, die nicht fliegen können.**

Falsch: Der afrikanische Strauß und Pinguine können zum Beispiel nicht fliegen.

**Alle Landtiere können springen.**

Falsch: Der Elefant ist das einzige Tier der Welt, das nicht springen kann.

**Normalerweise kann man in Wasser nur schwimmen oder tauchen. Es gibt aber Tiere, die auf dem Wasser laufen können.**

Wahr: Eine Echse aus Mittelamerika, der Stirnlappenbasilisk, kann schnell über das Wasser laufen. Das ist nur möglich, weil sich unter seinen Füßen Luftblasen bilden. Diese verhindern, dass er untergeht.

Stirnlappenbasilisk

**Schlange haben keine Ohren und können nicht hören**

**Falsch**: Schlangen hören durch richtige Ohren. Früher dachte man, dass Schlangen nicht hören könnten, weil sie keine Ohren hätten. Wissenschaftler der Universitäten in München und Washburn im US-Staat Kansas haben aber nachgewiesen, dass Schlangen über ein verstecktes Innenohr verfügen.

**Spinnen können nicht in ihrem eigenen Netz hängenbleiben.**

**Falsch**: Spinnen können in ihrem eigenen Netz hängen bleiben, aber durch eine besondere Technik kommt es nicht dazu. Sie erstellen zuerst ein Grundgerüst aus nicht klebrigen Fäden und erst dann spinnen sie die Klebefäden. Auf denen laufen sie aber nicht, sondern bewegen sich nur auf den nicht klebrigen Fäden hin und her.

**Spinnen haben keine Ohren. Sie hören nicht und können nur fühlen.**

**Falsch**: Spinnen haben keine Ohren wie die Menschen, aber sie können dennoch über ihre Haare an den Beinen „hören". So reagieren sie auf Schwingungen und auf Geräusche.

**Ein Elefant vergisst nie**

<u>**Wahr**</u>: Elefanten haben tatsächlich ein „Elefantengedächtnis“, sie können sich besser an Vergangenes erinnern als Menschen.

**Eisbären müssen sich manchmal im Eiswasser abkühlen.**

<u>**Wahr**</u>: Eisbären haben ein sehr dickes Fell und müssen tatsächlich oft im Eiswasser baden gehen, um sich abzukühlen.

**Eisbär**

**Fledermäuse sind blind.**

**Falsch**: Blind sind sie nicht. Ihre Augen funktionieren nur schlecht. Sie finden ihren Weg mit Hilfe von Ultraschall-Tönen.

Fledermaus

**Manche Schildkröten können ihren Panzer öffnen und schließen**

Wahr: Dosenschildkröten können ihren Panzer öffnen und schließen. Sie können, nachdem sie Kopf, Beine und Arme eingezogen haben, den vorderen und den hinteren Teil des Bauchpanzers zu- und aufklappen.

**Alle Spinnen müssen Netze spinnen, um Beute zu fangen.**

Falsch: Nicht alle Spinnen spinnen Netze, um Beute zu fangen. Falltürspinnen bauen Fallgruben. Bola-Spinnen angeln mit einer klebrigen Schnur. Speispinnen spucken ihre Gegner an.

**Flamingos werden rosa, weil sie Krebse fressen.**

Wahr: Ja, weil Krebse Karotin, einen Farbstoff enthalten, werden Flamingos rosa, wenn sie sie fressen. Wenn sie damit aufhören, werden sie schnell wieder ganz weiß.

**Alle Tiere haben nur ein Herz, wie Menschen.**

**Falsch**: Der Tintenfisch hat drei Herzen. Zwei Herzen versorgen seine Arme, das dritte Herz versorgt seinen Körper.

**Es gibt Raubtiere, wie den Gepard, die kein Wasser trinken.**

**Wahr**: Geparde nehmen Flüssigkeit ausschließlich aus dem Fleisch ihrer Beute auf.

**Haie ersticken, wenn sie nicht schwimmen, deswegen müssen sie ständig schwimmen, um zu leben.**

Wahr: Tatsächlich ersticken Haie, wenn sie nicht schwimmen. Sie entnehmen aus dem Wasser Sauerstoff um zu atmen, deswegen muss das Wasser durch ihre Kiemen strömen, damit sie den Sauerstoff darin aufnehmen können.

**Kakerlaken können ohne Kopf noch Tage weiterleben.**

Wahr: Kakerlaken können ohne Kopf sogar bis zu neun Tage weiterleben, denn ihr Gehirn befindet sich im Körper und nicht im Kopf. Sie sterben dann irgendwann, weil sie Hunger und Durst haben, aber nicht mehr essen und trinken können.

# Weitere Bücher des Autors (Auszug)

Die verkrebste Generation
Hilfe, der Wohlstand bringt mich um!
Nahrungsmittel sollen uns ernähren, Kosmetik uns schöner machen und uns nicht umbringen
Programmiert, um an Krebs zu sterben
Band 1 Krebs unter uns
Krebserregende Chemikalien und Gifte in Lebensmitteln und Kosmetika
Ein Handbuch für Verbraucher zur Prävention gegen Krebs. Alles übersichtlich auf einen Blick und für jeden leicht verständlich
DANTSE DANTSE

Die verkrebste Generation
Hilfe, der Wohlstand bringt mich um!
Nahrungsmittel sollen uns ernähren und uns nicht umbringen
Programmiert, um an Krebs zu sterben
Band 2 Krebs unter uns
Krebserregende Chemikalien und Gifte in Lebensmitteln
Ein Handbuch für Verbraucher zur Prävention gegen Krebs. Alles übersichtlich auf einen Blick und für jeden leicht verständlich
DANTSE DANTSE

Die verkrebste Generation
Hilfe, der Wohlstand bringt mich um!
Kosmetik soll uns schöner machen und uns nicht umbringen
Programmiert, um an Krebs zu sterben
Band 3 Krebs unter uns
Krebserregende Chemikalien und Gifte in Kosmetika
Ein Handbuch für Verbraucher zur Prävention gegen Krebs. Alles übersichtlich auf einen Blick und für jeden leicht verständlich
DANTSE DANTSE

Die verkrebste Generation
Hilfe, der Wohlstand bringt mich um!
Unser Zuhause soll ein sicherer Ort sein und uns nicht umbringen
Programmiert, um an Krebs zu sterben
Band 4 Krebs unter uns
Krebserregende Chemikalien und Gifte in Haushalt und Wohnung
Ein Handbuch für Verbraucher zur Prävention gegen Krebs. Alles übersichtlich auf einen Blick und für jeden leicht verständlich
DANTSE DANTSE

Die verkrebste Generation
Hilfe, der Wohlstand bringt mich um!
Technologie soll unser Leben erleichtern, unser Arbeitsplatz soll sicher sein und uns nicht umbringen
Programmiert, um an Krebs zu sterben
Band 5
Krebs unter uns
Krebserregende Chemikalien und Gifte in der Technologie und am Arbeitsplatz
Ein Handbuch für Verbraucher zur Prävention gegen Krebs. Alles übersichtlich auf einen Blick und für jeden leicht verständlich
DANTSE DANTSE

Die verkrebste Generation
Hilfe, der Wohlstand bringt mich um!
Medizin und Medikamente sollen uns heilen und uns nicht umbringen
Programmiert, um an Krebs zu sterben
Band 6
Krebs unter uns
Krebserregende Chemikalien und Gifte in der Medizin und in Medikamenten
Ein Handbuch für Verbraucher zur Prävention gegen Krebs. Alles übersichtlich auf einen Blick und für jeden leicht verständlich
DANTSE DANTSE

Die verkrebste Generation
Hilfe, der Wohlstand bringt mich um!
Medizin soll uns heilen Nahrungsmittel uns ernähren, Kosmetik uns schöner machen, Technologie unser Leben erleichtern, unser Zuhause ein sicherer Ort sein und uns nicht umbringen
Programmiert, um an Krebs zu sterben
Das 600 Seiten Gesamtwerk
Krebs unter uns
Krebserregende Chemikalien und Gifte in Lebensmitteln, Kosmetika, Medizin, Technologie, im Haushalt, in der Wohnung und am Arbeitsplatz
Ein Handbuch für Verbraucher zur Prävention gegen Krebs. Alles übersichtlich auf einen Blick und für jeden leicht verständlich
DANTSE DANTSE

Dantse Dantse
DAINU-VEGAN
Das Referenzbuch der veganen Ernährung für Fleischliebhaber
cool
Muskeln aufbauen
Gewicht verlieren
Krankheiten bekämpfen
Psyche stärken
Potenz fördern
Mit den DAINU-Nährwerttabellen 100% vegan ernähren ohne Mangelerscheinungen ohne Nahrungsergänzungsmittel
DAINU-VEGAN ohne Weizen, ohne Zucker
der perfekte Ernährungsstil für erfolgreiche Menschen
sexy
Kompletter Körper- und Psyche-Reset in 35 Tagen

Dantse Dantse
Am Anfang war
DER DARM
Band 2
Erstaunliche, neue Erkenntnisse über den
UNTERSCHÄTZTEN HEILER
Den Darm
reinigen
regenerieren
stärken
heilen
leicht gemacht
DAS MEDIZINZENTRUM DES KÖRPERS
Durch
basische, bittere & ballaststoffreiche Lebensmittel
pflanzliches Öl
Vitamin D
Sex und Bewegung
Tropenlebensmittel
Power-Smoothies
heilt Körper und Seele
stärkt die Psyche
macht glücklich
stärkt Potenz & Libido
formt die Persönlichkeit
entscheidet, wen du liebst
afrikanisch inspiriert - wissenschaftlich fundiert
Jede Heilung beginnt im Darm
DNL die innovative therapeutische Ernährung für eine sofortige und bleibende Darmgesundheit

Dantse Dantse
Am Anfang war
DER DARM
Band 1
Erstaunliche, neue Erkenntnisse über den
UNTERSCHÄTZTEN ZERSTÖRER
Wie verursacht eine gestörte Darmflora
Depressionen
Demenz
Krebs
Autismus
Übergewicht
Ängste
negative Gedanken
Lustlosigkeit
Impotenz
Sucht
Unfruchtbarkeit
...und vieles mehr ?
DER KRANKHEITSHERD DES KÖRPERS
manipuliert und beeinträchtigt
Liebe
Gefühle
Gedanken
Persönlichkeit
Sex
afrikanisch inspiriert - wissenschaftlich fundiert
Jede Krankheit beginnt im Darm
Wie Ernährung die Darmflora zerstört und Körper und Seele krank macht

Dantse Dantse
Am Anfang war
DER DARM
Sammelband
Erstaunliche, neue Erkenntnisse über den
UNTERSCHÄTZTEN CHEF
Alles über den Darm
was ihn zerstört
wie er Krankheiten verursacht
wie er unser ganzes Gehirn steuert und manipuliert
wie er Krankheit & Psyche heilt
wie er Persönlichkeit & Leistung stärkt
wie du ihn mit diesen einfachen Tipps sanierst
afrikanisch inspiriert - wissenschaftlich fundiert
Jede Krankheit beginnt im Darm
Jede Heilung beginnt im Darm

Dantse Dantse
Smart Coaching - knapp auf den Punkt gebracht
Gesund & geheilt
mit der
Lebensmittelapotheke
Das komplette
mit Fett-weg
Diät-Programm
Selbsthilfe-Handbuch
Moringa
Wundermittel gegen Krebs
Ingwer
gegen Erkältung
Chili Schoten
gegen Bluthochdruck
...und über 30 mehr
afrikanisch inspiriert - wissenschaftlich fundiert
Neu:
* Was den Körper krank macht
* Gifte in Lebensmitteln
* Mineralstoffe und Vitamine
* Saure und basische Lebensmittel

Dantse Dantse
DantseLOGIK™ - Meistere deine Gesundheit
NUTRAZEUTIKA
Iss, trink und denk dich gesund, jung und schlank!
25 Jahre ohne Medikamente!
Lebe wie der Autor top-fit und top-gesund
mit der DantseLOGIK™
Meistere deine Gesundheit
Inkl. Sonderteil:
Iss und trink
dich krebsfrei
afrikanisch inspiriert - wissenschaftlich fundiert

Dantse Dantse
Smart Coaching - knapp auf den Punkt gebracht
So macht
uns Ernährung
krank und
Weißmehl blöd
freie Radikale
Zusatzstoffe
Gifte
Mein Weißmehl-Experiment
Welche Lebensmittel verursachen
& verstärken welche Krankheiten
Alzheimer
Bluthochdruck
Depression
Erkältungen
Migräne
Krebs
und viele mehr!
afrikanisch inspiriert - wissenschaftlich fundiert
altes Wissen
neue Erkenntnisse

Dantse Dantse
Smart Coaching - knapp auf den Punkt gebracht
Ohne
Medikamente
auskommen
Antioxidantien
Mineralien
Vitamine
Iss & trink
dich gesund!
Eine basische Ernährung, die heilt,
fit, jung macht und Fett verbrennt!
Gutes Öl
Knoblauch
Ingwer
Broccoli
Zwiebel
...und vieles mehr!
afrikanisch inspiriert - wissenschaftlich fundiert
altes Wissen
neue Erkenntnisse

Smart Coaching - knapp auf den Punkt gebracht
Das ultimative Anti-KREBS Buch
NEU: afrikanische Anti-Krebs-Kochrezepte
Unsere Ernährung - Freund und Feind
Krebszellen-Fütterer
Krebszellen-Killer
Krebszellen-Verhinderer
mit neuen Erkenntnissen und Top-Tipps, die wirklich helfen
afrikanisch inspiriert wissenschaftlich fundiert
Lebensmittel und eine afrikanisch inspirierte Ernährung, die dich vor Krebs schützen und ihn bekämpfen!

Dantse Dantse
Smart Coaching - knapp auf den Punkt gebracht
KREBS
hasst Safou
fürchtet Moringa
kapituliert vor Yams
Lebensmittel und eine afrikanisch inspirierte Ernährung, die dich vor Krebs schützen und ihn bekämpfen!
Kochbananen
Knoblauch
Ingwer
Okraschoten
Himbeeren
...und vieles mehr!
afrikanisch inspiriert wissenschaftlich fundiert
mit afrikanischen Kochrezepten
altes Wissen
neue Erkenntnisse

Dantse Dantse
Smart Coaching - knapp auf den Punkt gebracht
KREBS
Wie Ernährung Krebs heilt
ich will dich besiegen
ich kann dich besiegen
ich werde dich besiegen!
Deswegen fange ich jetzt an!
Einstieg 4
Lebensmittel und eine afrikanisch inspirierte Ernährung, die dich vor Krebs schützen und ihn bekämpfen!
Kochbananen
Knoblauch
Ingwer
Okraschoten
Himbeeren
...und vieles mehr!
afrikanisch inspiriert wissenschaftlich fundiert
altes Wissen
neue Erkenntnisse
mit Kochrezepten

Dantse Dantse
DantseLOGIK™ - knapp auf den Punkt gebracht
Wie Ernährung Krebs auslöst
KREBS
mag Weizen
liebt Zucker
und knutscht Milch
Gifte
Zusatzstoffe
freie Radikale
Krebserregende Ernährung & Giftstoffe in Lebensmitteln
...in Fleisch
...in Gewürzen
...in Getränken
...in Süßigkeiten
...in Fertiggerichten
...in Babynahrung
...und viel mehr!
afrikanisch inspiriert wissenschaftlich fundiert
altes Wissen
neue Erkenntnisse
DANTSE

Dantse Dantse
DANTSE
FETTWAMPE?
JA, ABER RICHTIG!
Durch Ernährung
Wie und welche Lebensmittel Po, Bauch, Hüfte, Beine und Brust dick machen und dich außerdem krank
OHNE MÜHE
- Käse-Wampe
- Weizen-Speckrollen
- Pasta-Fetthintern
- Milch-Schenkel
- Cola-Rettungsringe
- Wasser-Wanst
- Burger-Wabbelbrust
- skinny fat - schlank, aber fett
mit der
DantseLOGIK™
Meistere dein Gewicht
Garantie -
das erfolgreiche
Coaching
endlich als Buch

Dantse Dantse
DANTSE
ABNEHMEN
MIT CHARME
durch Ernährung
OHNE DIÄT
...ohne Wenn und Aber...
- Fett weg
- Bauch weg
- Rettungsringe weg
- Speckrollen weg
- Impotenz weg
- Krankheiten weg
- Fitnessstudio weg
- Kilos weg
UND ALLES BLEIBT WEG
bebildert!
mit der
DantseLOGIK™
Meistere dein Gewicht
Garantie -
das erfolgreiche
Coaching
endlich als Buch
Nur mit Lebensmitteln
OHNE (Leistungs-) SPORT
- Muskeln definiert
- Bauch straff
- Po knackig
- Cellulite und Falten weg
- Seele glücklich

Dantse Dantse
DANTSE
DAS ESSENS-DRAMA UND
DAS ENDE DES ÜBERGEWICHTS
Die neue Dimension der Ernährung: das bebilderte Kurs- & Trainingsbuch
mit exklusiven Tipps, Tricks und Power-Rezepten zum Abnehmen
+ Öl weg
+ Weizen
+ Milchprodukte
+ Zucker
+ Salziges
+ Saures
+ Diät
= FETT & DICK
= KRANK & ALT
Wieso?
Warum?
Woher?
WIE DENN NUR?
Essen macht schlank und gesund
Essen macht potent, fit und jung
Essen macht muskulös und glücklich
Essen macht dick und krank
Essen macht fett und unglücklich
Essen macht lustlos, schlapp und alt
+ Power-Kohlenhydrate
+ Power-Kräuter
+ Power-Smoothies
+ Power-Öle
+ Power-Proteine
= FETT & KILOS WEG
= MUSKELN AUFBAUEN
finde es heraus mit der
DantseLOGIK™
Garantie -
das erfolgreiche
Coaching
endlich als Buch

Dantse Dantse
EGO-ELTERN
Erziehungsfehler vermeiden – afrikanisch inspiriert
„Papa, Mama, lasst mich einfach Kind sein!"
Warum werden unsere Kinder immer
•tyrannischer •ängstlicher
•aggressiver •antriebsloser
•überforderter •depressiver
und vor allem immer unglücklicher?
Wie Eltern diese Schwächen in Kinder einprogrammieren

SÜNDIGE & GEHEIME FAMILIENSEXUALITÄT
Dantse Dantse
ohne Gewalt
ohne Beweise
ohne Erinnerung
Subtiler sexueller Missbrauch in der Kindheit durch Mama und Papa
Ein Tabu, das still und leise eine ganze Generation krank macht

Unwiderstehlich weiblich und erfolgreich
Dantse Dantse
Das Merkel-Geheimnis
Weiblichkeit ist Macht, Kraft und die stärkste Waffe der Frau
EINE ENTDECKUNGSREISE DURCH DIE POSITIVE MODERNE WEIBLICHKEIT
MIT VIELEN SPANNENDEN PERSÖNLICHEN GESCHICHTEN

BURNOUT-GENERATION
PROGRAMMIERT, UM VÖLLIG AUSZUBRENNEN
Dantse Dantse
Inklusive kleinen, einfachen Erziehungstipps, die deine Kinder vor Erschöpfung, Stress und Überforderung im Erwachsenenalter schützen
WIE BURNOUT-ANFÄLLIGKEIT UND ERSCHÖPFUNGSMENTALITÄT IN DER KINDHEIT EINGEPFLANZT WERDEN

Made in the USA
Monee, IL
19 October 2026

66036581R00125